New Cultivation
Mode and Management
of Common Berries

常见浆果新型栽培模式与管理

闫道良　袁虎威　夏国华　何　漪　于华平 /主编

ZHEJIANG UNIVERSITY PRESS
浙江大学出版社 ｜ 全国百佳图书出版单位

图书在版编目（CIP）数据

常见浆果新型栽培模式与管理 / 闫道良等主编. —
杭州：浙江大学出版社，2019.1（2024.7重印）
　ISBN 978-7-308-18541-7

Ⅰ．①常… Ⅱ．①闫… Ⅲ．①浆果类果树－果树园艺
Ⅳ．①S663

中国版本图书馆CIP数据核字(2018)第191748号

常见浆果新型栽培模式与管理

闫道良　袁虎威　夏国华　何　漪　于华平　主编

责任编辑	季　峥（really@zju.edu.cn）
责任校对	陈静毅　张振华
封面设计	春天书装
出版发行	浙江大学出版社
	（杭州市天目山路148号　邮政编码310007）
	（网址：http://www.zjupress.com）
排　　版	杭州兴邦电子印务有限公司
印　　刷	浙江省邮电印刷股份有限公司
开　　本	880mm × 1230mm　1/32
印　　张	8.375
插　　页	14
字　　数	252千
版 印 次	2019年1月第1版　2024年7月第7次印刷
书　　号	ISBN 978-7-308-18541-7
定　　价	39.80元

编委会

前　言

随着经济社会的不断发展，人们对于生活的追求已从解决基本温饱问题向健康生活转变。健康生活离不开健康饮食。水果作为日常饮食中的必要组成部分，与健康生活息息相关。我国是水果生产大国。据统计，2015年我国水果的栽培面积为1.92亿亩（1亩≈667平方米），位居世界第一。其中，我国浆果的栽培面积在水果中占有较高比例。21世纪以来，新兴的浆果产业已逐渐成为我国最具发展潜力的新型果树产业之一，为我国水果产业的发展贡献了重要力量。

浆果是由子房或子房联合其他花器发育成的多汁肉质单果。浆果类果树种类很多，常见的有草莓、葡萄、树莓、越橘、猕猴桃、沙棘、火龙果、番木瓜、番石榴、西番莲、石榴、蒲桃、人心果、无花果、醋栗等。浆果因具有营养保健价值高、鲜食风味独特、加工性能优良等优点，已逐渐成为水果市场上的热门产品。2000年以来，我国蓝莓的栽培面积不断扩大，2015年我国蓝莓总产量已超过4万吨，我国已一跃成为亚洲蓝莓的主要产出国。葡萄是我国的主栽浆果树种，其产业化发展十分迅速，2011年起我国的鲜食葡萄产量已稳居世界首位，2014年起我国已经成为世界葡萄生产大国，葡萄栽培面积跃居世界第二位，葡萄酒产量居世界第八位。2012年起，我国草莓规模化生产迅猛发展，目前栽培面积和产量已跃居世界第一位。2000年左右，我国掌叶覆盆子的产业化起步，2013年其栽培面积达133.33万平方米，近几年栽培面积不断扩大。可见，蓝莓、葡萄、草莓、掌叶覆盆子已成为我国新兴浆果产业的重要代表。

我们在充分总结国内外浆果研究进展的基础上，结合自己多年的教学和科研经验，从蓝莓、葡萄、草莓、掌叶覆盆子4种浆果的生产实际情况出发，围绕其生物学特性、主要品种及特性、育苗技术、栽培技术、抚育管理技术、病虫害防治技术、采收与贮藏技术、加工利用技术等内容进行介绍，力求在表达上通俗易懂，以期为这4种浆果的生产实践提供技术参考。本书分为四个部分：第一部分为蓝莓篇（第1～10章），由袁虎威（浙江农林大学）、郑炳松（浙江农林大学）、余敏芬（宁波市林场）完成；第二部分为葡萄篇（第11～18章），由闫道良（浙江农林大学）、赵鹏（浙江广播电视大学）、沈晨佳（杭州师范大学）完成；第三部分为草莓篇（第19～26章），由何漪（浙江农林大学）、于华平（浙江广播电视大学）、陈跃（浙江省农业科学研究院）完成；第四部分为掌叶覆盆子篇（第27～34章），由夏国华（浙江农林大学）、何立平（宁波市林场）完成。

　　我们虽然具有多年的浆果教学和科研实践，在编写过程中也尽可能反映浆果产业的最新进展，但由于水平有限，书中难免会存在错误和不妥之处，敬请广大读者不吝赐教，以便能进一步修改完善。

　　本书的编写工作得到了同行专家的指点和帮助；陈娟娟、陈苗、宋峰、汪俊峰、李珍、杨影、周昌和、赵亮、徐栋斌、褚怀亮和裘玲玲等对书稿的修订和校对付出了辛勤的劳动；另外，本书的编写得到了浙江农林大学浙江省、科技部共建亚热带森林培育国家重点实验室和林学、生物学、中药学等兄弟学科的大力支持，在此一并表示感谢！

编　者

2018年7月18日于临安东湖

目 录

蓝莓篇

蓝莓 篇

第1章　蓝莓概述

蓝莓是杜鹃花科（Ericaceae）越橘亚科（Vaccinioideae）越橘属（*Vaccinium*）树种。其果实肉质细腻，甜酸适口，有清爽宜人的香气，富含多种维生素及微量元素等营养物质。蓝莓鲜果既可生食，又可作加工果汁、果酒、果酱等的原料，具有很高的经济价值，已成为具有广阔开发前景的新兴小浆果树种，在国内外极受消费者欢迎。在英国权威营养学家列出的全球15种健康食品中，蓝莓居于首位，并被国际粮农组织（FAO）列为人类五大健康食品之一，被誉为"浆果之王"。

1.1　栽培利用历史

蓝莓在全世界的栽培历史仅1个世纪左右，最早始于美国。1906年，Coville首先开始了野生蓝莓的选种工作。1937年，15个蓝莓品种被用于商业化栽培。到20世纪80年代，已选育出适应不同气候条件的优良品种100多个，形成了缅因州、佐治亚州、佛罗里达州、新泽西州、密歇根州、明尼苏达州、俄勒冈州主要经济产区，总面积为1.9亿平方米。目前，蓝莓已成为美国主栽果树树种。继美国之后，世界各国竞相引种栽培，并根据气候特点和资源优势开展了具有本国特色的研究和栽培工作。荷兰、加拿大、德国、奥地利、丹麦、意大利、芬兰、英国、波兰、罗马尼亚、澳大利亚、保加利亚、新西兰和日本等国相继进入商业化栽培。据统计，全球已有30多个国家和地区开始蓝莓产业化栽培，总面积达到12亿平方米，产量超过30万吨，但市场上仍供不应求。

我国的蓝莓研究始于吉林农业大学。1979年，吉林农业大学的郝瑞教授开始系统地调查长白山区的野生笃斯越橘资源。国内蓝莓的商业化栽培起步较晚，但发展速度较快。20世纪80年代初，吉林和黑龙江采集野生蓝莓资源，用于加工果酒、饮料。吉林山珍酒厂生产的蓝莓酒曾获农业部银质奖，在市场上很畅销，但由于依靠野果、原料供应不稳及果酒市场的衰退，未能形成一个稳定的产业。在采集野生资源的基础上，林业部门曾进行野生笃斯越橘的驯化栽培，但由于产量及产值低，栽培效益差，生产上难以推广。针对这一问题，吉林农业大学于1983年率先在我国开展了蓝莓引种栽培工作。到1997年，吉林农业大学先后从美国、加拿大、芬兰、德国引入抗寒、丰产的蓝莓优良品种70余个，其中包括兔眼蓝莓、高丛蓝莓、半高丛蓝莓、矮丛蓝莓等类型。1989年，吉林农业大学在蓝莓组织培养工厂化育苗技术方面取得突破，并在长白山建立了5个蓝莓引种栽培基地。1995年，吉林农业大学初步选出适宜长白山区栽培的4个优良蓝莓品种，并开始向生产推广。1988年，南京植物研究所从美国引入12个兔眼蓝莓优良品种，并在南京和溧水两地试栽，证实兔眼蓝莓适宜于我国南方红壤区栽培。

从2000年开始，辽宁、山东、黑龙江、北京、浙江、四川等地相继开展引种试栽。2004年，吉林、辽宁和山东栽培面积达300万平方米，总产量为300吨，80%的产品出口到日本。到2009年，蓝莓栽培已经遍布全国十几个省（自治区、直辖市），总面积已接近3000万平方米，总产量超过1000吨。

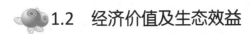 1.2 经济价值及生态效益

1. 经济价值

（1）营养及医疗价值

1）营养价值

蓝莓果实不仅颜色极具吸引力，而且风味独特，既可鲜食，又可加工成多种老少皆宜的食品，深受消费者喜爱。据分析，100克蓝莓果肉中约含蛋白质0.5克、脂肪0.1克、碳水化合物12.9克、钙8毫克、铁0.2毫克、磷9毫克、钾70毫克、钠1毫克、锌0.26毫克、硒0.1克、维生素A 9微克、维生素C 9毫克、维生素E 1.7毫克以及丰富的果胶物质、SOD（超氧化物歧化酶）、黄酮等。

2）医疗价值

蓝莓果实具有改善视力、增强免疫力、抗癌、增强记忆力、抗氧化和延缓衰老等功能。蓝莓中的花青素可促进视网膜细胞中视紫质的再生，可预防重度近视及视网膜剥离。蓝莓中的花青素是最有效的抗氧化剂，可抵抗自由基（特别是活性氧），减少氧自由基对细胞膜、DNA（脱氧核糖核酸）和其他细胞成分的损害，从而增强人体免疫力和记忆力，并具有抗癌和延缓衰老的功效。

（2）经济效益

蓝莓具有独特的风味和较高的营养保健价值，其果实及产品风靡世界，供不应求，在国际市场上售价昂贵。蓝莓鲜果大量收购价为3.0～3.5美元/千克；鲜果市场零售价格高达10～20美元/千克；冷冻果国际市场价格为2600～4000美元/吨；果实加工品浓缩果汁国际市场价为3万～4万美元/吨，是苹果浓缩果汁售价（1000美元/吨）的30～40倍。1998—2000年，我国外贸部门从长白山、大小兴安岭收购的野生蓝莓加工冷冻果的出口价达2000美元/吨。

（3）蓝莓的开发和利用

蓝莓可供鲜食或加工，深度加工可以大大提高其经济效益，这也是大多数小果类果树的独特优势。蓝莓果实是加工的上好原料，在美国，蓝莓常与其他果品加工成复合饮料，如蓝莓橘子汁、蓝莓葡萄汁、蓝莓苹果汁等。

目前，我国还没有形成蓝莓等小浆果完善的产品市场。蓝莓产品主要有四大类：鲜果、冷冻果、果酒和蓝莓色素提取物。鲜果约90%出口日本，约10%供应北京和上海等大城市市场；冷冻果大约80%出口，以欧洲市场为主，约20%供应国内食品企业用作加工原料；果酒主要供应国内市场，小部分外销日本；蓝莓色素提取物几乎100%出口欧美市场。目前，我国蓝莓销售的主要难点是国内市场尚未培育，蓝莓种植企业产品以外销为主，不重视国内市场的培育；同时，我国消费市场对蓝莓的认知程度较低，拓展市场有一定的难度。

2. 生态效益

蓝莓除具有一般果树所具有的固碳、防止水土流失等生态效益外，还具有一些特殊的生态效益。蓝莓三大类品种群的品种各有特点，适宜种植在不同的气候条件下。过酸的土壤通常不适宜作物和树木生长，而蓝莓适宜生长在酸性土壤上，可使荒芜的地区重新拥有绿色。例如，大小兴安岭及长白山区大面积的强酸性沼泽地连片集中，不适宜作物和树木生长，但对其稍加改良即可成为蓝莓栽培的理想产区。因此，可以利用蓝莓作为改造酸性沼泽地的先锋树种，生产名优稀特果品，变废为宝。同时，我国长白山、大小兴安岭地处高寒山区，恶劣的气候条件致使许多果树难以成规模栽培。吉林农业大学经过十余年引种研究，选出的优良蓝莓品种抗寒性极强，可以抵抗-40℃的低温，另外，选出的这些抗寒品种多树体矮小，一般高30～80厘米，长白山、大小兴安岭地区冬季大雪可以覆盖植株的2/3以上，可确保其安全越冬。

🫐 1.3 资源分布

　　越橘属是个比较古老的大属，全世界有450余种，为灌木或小乔木，通常地生，少数附生，分布于北半球的温带和亚热带，南北美洲和亚洲的热带山区亦有分布。据方瑞征研究，中国已知有91种、24亚种和变种，南北方均有，主产于西南和华南地区。本属许多种类的果实可以食用，目前主要利用的是分布于北温带的一些落叶种类，在果树园艺上已被利用的有蓝莓和蔓越橘两类。

　　目前已被开发利用的蓝莓主要分为三大类群：高丛蓝莓、兔眼蓝莓和矮丛蓝莓，高丛蓝莓中又分出了南高丛蓝莓和北高丛蓝莓两个亚群。三大类型蓝莓分布区的气候条件有所不同。矮丛蓝莓分布区生长季节短，冬季寒冷、夏季冷凉，年平均气温5～12℃，12月份至翌年1月份平均气温在0℃以下，最低温可达-40℃。兔眼蓝莓和南高丛蓝莓分布区生长期长，冬季温暖、夏季气温较高，年平均气温为18～22℃，年生长期长达256～285天，1月份平均气温接近10℃或在10℃以上，最低气温在-16℃以上。北高丛蓝莓分布区气候条件介于上述两个分布区之间，年平均气温为10～12℃，生长期为150～250天，冬季月平均气温在0℃以下，最低气温常在-20℃，但不低于-30℃。

第2章　蓝莓的生物学特性

2.1　形态特征

蓝莓为多年生灌木丛生树种，树体大小及形态差异显著。兔眼蓝莓树高可达10米，较矮的红豆蓝莓树高为5～25厘米，而最矮的蔓蓝莓匍匐生长，树高仅5～15厘米。一般高丛蓝莓树高1～3米，半高丛蓝莓树高50～100厘米，矮丛蓝莓树高30～50厘米。

蓝莓有常绿也有落叶。叶片单叶互生，稀对生或轮生，全缘或有锯齿。叶片形状最常见的为卵圆形，无托叶。叶片大小因种类不同而有差异，高丛蓝莓的叶长可达8厘米，矮丛蓝莓的叶长一般小于1厘米，兔眼蓝莓的叶长介于高丛蓝莓与矮丛蓝莓之间。蓝莓叶片形态见彩图2-1。大部分蓝莓种类叶片背面有茸毛，有些种类甚至花和果实上也有茸毛。

蓝莓的花为总状花序。花序大部分侧生，有时顶生，通常由7～10朵花组成。花两性，单生或双生在叶腋间，辐射对称或两侧对称。春季发育过程中先花后叶，花芽一般在枝条顶部着生。花冠常呈坛形或铃形。花瓣基部联合，外缘4裂或5裂，白色或粉红色。雄蕊8～10枚，为花冠裂片的2倍，短于花柱，花药孔裂。子房下位，中轴胎座，浆果，虫媒或风媒授粉。蓝莓花器官结构见图2-1。

蓝莓果实颜色、形状、大小因种类而异。多数品种（如兔眼蓝莓、高丛蓝莓和矮丛蓝莓等）成熟时果实呈深蓝色或紫罗兰色，少

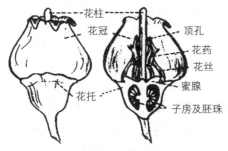

花柱
花冠
顶孔
花药
花丝
蜜腺
花托
子房及胚珠

图 2-1 蓝莓花器官结构

数品种为红色。果实有球形、椭圆形、扁圆形或梨形，平均单果重0.5～2.5克，直径为0.8～1.5厘米。蓝莓果实一般在开花后70～90天成熟，果肉细软、多浆汁。种子细小，食用时可随果肉食下而不影响口感。蓝莓果实形态见彩图2-2。

蓝莓根系多而纤细，粗壮根少，分布浅，没有根毛，但几乎所有蓝莓的细根都有内生菌根，通过和真菌共生，帮助蓝莓从土壤中吸收水分和养分，弥补了其由于没有根毛而对水分、养分吸收能力差的缺陷。蓝莓根在土壤中的伸长范围比较窄，基本上与树冠大小一致。矮丛蓝莓的根系分布在土壤上层中的有机质层，主要部分是根状茎。据估计，矮丛蓝莓大约85%的茎组织为根状茎，根状茎一般为单轴形式，直径为3～6毫米。根状茎分枝频繁，在地表下6～25毫米深的土层内形成紧密的网状结构。新发生的根状茎一般为粉红色，而老的根状茎为暗棕色且木栓化。不定芽在根状茎上萌发，并形成枝条。

2年生蓝莓植株的基本形态见彩图2-3。

2.2 生长、开花及结实习性

蓝莓的枝条在一个生长季节内可多次生长，其中以二次生长较为普遍。在我国南方，蓝莓一年有两次生长高峰，第一次是在5—

6月，第二次是在7月中旬至8月中旬。相应地，蓝莓根系在一年内也有两次生长高峰，第一次出现在6月份，第二次出现在9月份。根系生长的两个高峰期的地温在14~18℃，高于或低于这个温度范围，根系的发育则减弱甚至停止生长。幼苗栽植后第3年生长明显加快，新枝萌发多并生长旺盛，年生长量可达1米以上。

当年生枝顶端多形成花芽，花芽从顶端向下进行分化，每一枝条可分化的花芽数量与品种和枝条粗度有关，高丛蓝莓一般5~7个，兔眼蓝莓3~6个；花芽在节上以单生为主。蓝莓的花芽分化为光周期敏感型，一般需要在短日照条件下分化。矮丛蓝莓大多数品种花芽分化要求光周期日照时数在12小时以下，有的品种在日照时数为14~16小时的光周期条件下也能分化，但形成的花芽数目较少；光周期处理需要5~6周。高丛蓝莓和兔眼蓝莓花芽分化也需要在短日照条件下进行，品种不同，花芽分化最佳的日照时数也有所不同，分别为8小时、10小时或12小时不等；光周期处理需要8周。但有的品种（如顶峰等）花芽分化对光周期反应不明显。蓝莓花芽生长的基本情况见彩图2-4。

不同蓝莓的花芽分化期不同。矮丛蓝莓和高丛蓝莓在7—8月开始分化，兔眼蓝莓从6月中旬开始；9月底至10月初，蓝莓的花芽分化已经完成。从形态上看，蓝莓花芽肥大，呈椭圆形或近球形，花芽以下为一些窄尖的营养芽和休眠芽。开花时，顶花芽先开，然后是侧生花芽；粗枝上花芽开放晚于细枝上花芽；在一个花序中，开花顺序依次为基部、中部、顶部。蓝莓花形态见彩图2-5。

蓝莓的开花期因气候和品种有明显的差异。在正常年份，蓝莓在我国南方于3月上中旬开花，在北方为4—5月。花期一般为15~20天，最长可达40天。花在一个伸长的轴上着生，构成总状花序。在花开的同时，营养芽开始发育成营养枝，营养枝生长到一定程度便停止生长，顶端最后一枚细尖的幼叶变成黑尖，黑尖2周左右脱落，2~4周后，位于黑尖下的营养芽长出新枝，并具有顶端优势，即实现枝条的转轴生长，这种转轴生长在南方一年有3～5次。夏季最后一次，新梢上紧挨黑尖的一个芽原始体逐渐增大发育成花芽，占据了顶端的位置。从枝顶花芽往下还能形成多个花芽，第二年春天开花并结果，其下的营养芽又发育成营养枝，而结过果实的短小枝秋后逐渐干枯、脱落。

蓝莓多为异花授粉。高丛蓝莓自交可育，但可育程度在品种间有明显差异；兔眼蓝莓和矮丛蓝莓一般自交不育，因此在生产上须考虑多品种搭配建园，以提高产量。蓝莓的花受精后，子房迅速膨大，大约1个月后增大趋于停止，之后浆果保持绿色，体积仅稍有增长。当浆果进入变色期与着色期后，浆果增大迅速，可使果径增大50%。在着色以后，浆果果径还能再增长20%，且甜度和风味变得适中。同一果穗上的果实成熟时期不同，果穗顶部、中部的先熟，成熟时间一般在6—8月。蓝莓的浆果发育受许多因素影响，但从落花至果实成熟一般需要50～60天。

蓝莓果实的发育可划分为三个阶段。

①迅速生长期：受精后一个月内，主要表现为细胞的快速分裂和增殖。

②缓慢生长期：特征是浆果生长缓慢，主要进行种胚的发育。

③快速生长期：此时期一直到果实成熟，主要是细胞膨大。

蓝莓果实的发育曲线呈单"S"字形。果实基本发育过程见彩图2-6。

浆果发育所需时间主要与种类和品种特性有关。一般来说，高丛蓝莓果实发育比矮丛蓝莓快，兔眼蓝莓果实发育时间较长。温度、水、肥是影响浆果发育的主要因素。温度高则果实发育快，水分供应不足则阻碍果实的发育。蓝莓浆果大小与种子数量密切相关：在一定范围内，种子数量越多，浆果越大。另外，果实大小与发育时间也有关系：小果发育时间较长，大果发育时间反而较短。

不同品种蓝莓的果实大小、品质、产量以及贮藏性等存在很大

差异。北高丛蓝莓粒大，果实品质最好；兔眼蓝莓果粒为中至大。糖酸比是衡量蓝莓品种果实品质的依据之一。成熟果实的糖酸比因种类不同而有所差别，有的偏甜，有的偏酸，有的酸甜适度。不同品种果实成熟期不同，一般来说高丛蓝莓成熟期较早，兔眼蓝莓较晚；高丛蓝莓中，北高丛蓝莓以早熟种及中晚熟种居多，南高丛蓝莓则以晚熟种居多。

2.3　生态习性

1. 温度与蓝莓生长发育的关系

蓝莓生长最适宜的温度为13~30℃，最高可以忍受40~50℃的高温，高于50℃会导致根系对水分吸收差，发育不良。矮丛蓝莓在30℃比18℃能产生更多的根状茎，并且生长较快。在矮丛蓝莓产区，夏季低温是蓝莓生长发育的主要限制因子。当土壤温度由13℃增加到32℃时，高丛蓝莓的生长量比例增加。温度对蓝莓的生长习性也有影响，蓝莓在土壤温度低于20℃时枝条缩短、生长开张，从而影响其树形和生长发育。蓝莓的抗寒性差异比较大。高丛蓝莓可抵抗-30~-25℃的低温；半高丛蓝莓可抵抗-38~-35℃的低温；矮丛蓝莓则可抵抗-40℃以上的低温。同一种类的不同品种抗寒性也不同。高丛蓝莓中的蓝丰、蓝线抗寒性强，而迪克西抗寒性差；兔眼蓝莓大多抗寒性较差，但其中也有一些抗寒性较好的品种；矮丛蓝莓抗寒性较强，由于其树体矮小，在北方栽培时冬季积雪可基本将其覆盖，保证其能安全越冬。

温度主要是通过影响叶片光合作用和呼吸作用来影响蓝莓的生长发育。吉林农业大学对多份材料进行测定，结果表明：矮丛蓝莓、半高丛蓝莓和高丛蓝莓叶片光合作用温度下限分别为2℃、3℃和3℃；其温度上限分别为45℃、46℃和47℃。从三种类型蓝莓叶片在不同温度条件下净光合速率的变化来看，矮丛蓝莓、半高丛蓝莓和高丛蓝莓叶片光合作用的最适温度范围分别为20～27℃、25～30℃和25～33℃。在大于30℃的条件下，矮丛蓝莓叶片光合速率下降速度最快，而半高丛蓝莓和高丛蓝莓的光合速率下降较慢；在低于15℃条件下，矮丛蓝莓则表现出比较高的光合速率，而半高丛蓝莓与高丛蓝莓的光合速率较低。

蓝莓种子的发育也受温度的影响。种子层积过程中如果不停地变化温度（0.5～20℃），其萌芽率比只用0℃处理的要高得多。在种子萌发过程中变温处理（10～32℃）比常温处理萌芽率高。

温度同样可以影响花芽形成和果实发育。矮丛蓝莓在25℃时形成的花芽数量远远大于15℃时形成的花芽数量。此外，昼夜温度变化还会影响花芽的发育。白天15℃ 8小时、夜晚7℃ 16小时的条件最有利于梯芙蓝开花，如果改变其温度规律则有可能使花芽开绽推迟。

花芽形成时，低温往往造成矮丛蓝莓严重减产。高丛蓝莓座果率在16～27℃时比在8～24℃时高出近1倍，且高温时果实发育快，果形大，成熟期提前。

蓝莓花芽、叶芽的正常发育必需一定的冷温需要量，即<7.2℃的低温积累时间。蓝莓不同种类、品种间冷温需要量差异很大。高丛蓝莓一般需要800小时以上才能实现正常的生长发育和开花结果。花芽比叶芽的冷温需要量少，虽然650小时低温能够使蓝莓完成树体休眠，但只有超过800小时的低温，高丛蓝莓才会生长良好，1060小时达到最佳冷温需要量。北高丛蓝莓正常生长结果的冷温需要量为800～1200小时。应用杂交育种的方法可以改变冷温需要量，美国佛罗里达州培育的三倍体高丛蓝莓冷温需要量只有400小时。

2. 光照与蓝莓生长发育的关系

（1）光周期

蓝莓属于短日照植物，短日照促进其花芽形成，长日照促进其营养生长。在植株处于短日照（＜12小时）时，花芽形成增加，日照8小时时花芽形成量达最大值。日照12小时以上促进其营养生长，且营养生长随光照时间增长呈增加的趋势，在16小时时达到最大值。营养生长对光照时间的反应在21℃时最敏感，低于10℃时不敏感。蓝莓花芽形成对光照时间的反应随蓝莓种类和品种的不同有所不同，一些矮丛蓝莓品种在16小时光照时，仍能形成花芽，只是花芽形成量大幅度减少。

一定时间的短日照处理对矮丛蓝莓花芽形成是必需的。短日照处理时间最短为6周，当短日照处理时间小于4周时，容易产生畸形花芽，5周的短日照处理虽然花芽能正常发育，但花芽数量减少；最适宜的短日照处理时间为8～9周。

光照同样影响种子的发育。种子用24小时的光照处理后，于暗处能正常萌发；没有光照处理的种子，在黑暗处的萌发受到严重阻碍。此外，扦插时进行长日照处理，能促进枝条生根。

（2）光照强度

蓝莓是喜光植物，栽培地要有充足的光照，应当选择阳坡中、下部，坡度不宜超过30°。大部分蓝莓品种光合诱导期比较长，属光合诱导较慢型植物，它们在多云天气对瞬间的阳光和林间光斑的利用能力很低，不适合与其他乔木树种间作。同时，高丛蓝莓品种大多有较高的光补偿点，不适合在遮阴处栽培及密植。

蓝莓光合作用年变化均呈一双峰曲线。高丛和半高丛蓝莓第一次高峰出现在7月初，矮丛和红豆蓝莓出现在7月中旬；第二次高峰均出现在8月下旬。高丛、半高丛和矮丛蓝莓春季展叶后光合强度较高，9月中旬以后随着叶片变色老化迅速下降；而红豆蓝莓展叶后（5月26日—6月20日）光合强度较低，9月中旬后仍维持一定水平的光合强度。高丛蓝莓和半高丛蓝莓光饱和点和光补偿点高，表现出喜光特性。矮丛蓝莓和红豆蓝莓光饱和点和光补偿点低，对弱光的利用能力强，对强光的利用能力弱。这一特点可为矮丛蓝莓和红豆蓝莓栽培中林果间作提供生理依据。净光合速率则以半高丛蓝莓最高，高丛蓝莓次之，红豆蓝莓最低。蓝莓春季光合作用的最适温度范围为15~28℃，以20℃为最适宜。在温度高于30℃和低于15℃的条件下，光合速率下降迅速，呼吸强度随温度上升而上升，超过30℃则下降。

较高的光照强度是花芽大量形成的必要条件。在花芽形成期对矮丛蓝莓进行遮阴处理会大大影响其花芽的形成。低光强还会推迟蓝莓果实的成熟，并降低果实的含糖量，这与低光照条件下较弱的光合作用是分不开的。

（3）光质

蓝莓花芽和果实形成过程中要避免过强的紫外线照射。果实形成过程中紫外线过强会导致单果重下降。紫外线过强时，蓝莓果实不能正常形成蜡质，甚至会灼伤蓝莓果实。紫外线的增加不但影响营养生长，同时还会降低花芽的形成率。

3. 水分与蓝莓生长发育的关系

蓝莓为浅根系植物，根系集中分布在距地表0~20厘米土层内，且水平分布较狭窄，一般不超过树冠的投影范围。因此，蓝莓不能有效吸收土壤深层的水分。通常蓝莓从萌芽至落叶所需水分相当于每周降水27毫米，从座果到采收则为45毫米。水分胁迫对蓝莓生长的影响较大，可影响蓝莓果实的大小、产量，这严重制约蓝莓在干旱、半干旱地区的推广。保证蓝莓生长期间，尤其是开花结实期间充足的土壤水分对蓝莓的生长发育非常重要。不同的蓝莓种类抵抗水分胁迫的能力有所不同，一般南方种的抗旱性强于北方种。在蓝莓的几个类群中，兔眼蓝莓的抗旱性最强，半高丛蓝莓强于高丛蓝莓，矮丛蓝莓最弱。

干旱影响蓝莓的生长发育，但水分过多也会给蓝莓生长造成不利影响。积水时土壤通气差，O_2含量降低，CO_2含量上升，导致蓝莓生长不良。夏季淹水天数达到25～35天会抑制花芽形成。连续淹水大于25天，则座果率也会下降。因此，栽培蓝莓要选择有机质含量相对较高的沙壤土，以保证土壤疏松、通气状况良好、不积水，利于蓝莓生长。不同种类、品种的蓝莓在耐淹水能力方面有比较大的差异。总体上讲，高丛蓝莓品种的耐淹水能力最强，半高丛蓝莓次之，矮丛蓝莓的耐淹水能力最弱。某些品种则有极强的耐淹水能力。如兔眼蓝莓在生长季节淹水58天后仍然成活；艾朗在淹水28天后受害程度相对于不耐淹水的品种仍处于较轻的状态。而乌达德在淹水15天后座果率、枝条生长和产量都明显下降；北空在淹水处理17天后就有近50%的叶片脱落。高丛蓝莓在淹水4天后气孔阻力和蒸腾明显下降，CO_2吸收速率在9天内持续下降。受淹水胁迫的蓝莓至少需要18天才能恢复到淹水前的气孔特征。

因此，在蓝莓栽培的水分调控方面，既要保证生育期内充足的水分供应，又要避免长时间的淹水胁迫，才能保证蓝莓的产量和品质。当然，针对不同的蓝莓类型和品种，还要有针对性地安排栽培场地，制定供、排水策略，从而实现蓝莓栽培的科学性和高效性。

4. 土壤与蓝莓生长发育的关系

（1）适合蓝莓生长的土壤结构

蓝莓的根系比较纤细，根系分布的土层浅，对土壤条件要求比较严格。根系发育决定着蓝莓植株的生长结实效果，在不适宜的土壤条件下根系常常生长不良，严重者会导致栽培失败。疏松、通气良好、湿润和有机质含量高的酸性沙壤土、沙土、火炭土、草炭土都能很好地促进根系的发育。而在钙质土壤、黏重板结土壤、干旱土壤和有机质含量过低的土壤上栽培蓝莓，栽培效益会大幅削弱。

高丛蓝莓栽培的理想土壤是有机质含量高的沙土，尤其是地下硬土层在90～120厘米的土壤最好，以防止土壤水分渗漏。土壤中的颗粒组成，尤其是沙土含量与蓝莓的生长密切相关。沙土含量高、土壤疏松、通气好，有利于根系的发育。

在草炭土和腐殖质土壤类型上栽培蓝莓有两个问题：一是春秋土壤温度低，湿度大，升温慢，使蓝莓生长缓慢；二是土壤中氮素含量高，容易使枝条停止生长晚，发育不成熟，越冬抽条，受到冻害的危害。

（2）蓝莓生长对土壤pH值的要求

土壤pH值对蓝莓的生长有极显著的影响。Coville最早提出，蓝莓生长最适的pH值为5.0，可见蓝莓属于喜酸性植物。但蓝莓生长所需土壤的酸性又需要控制在一定范围内。当pH值小于4.0时，随着土壤pH值的降低，蓝莓植株在株高、基生枝长、延生枝长、枝条粗度、枝条个数及百叶重等方面都会受到影响。这主要是因为当土壤pH值小于4.0时，土壤中游离的重金属离子的含量增加，使蓝莓植株吸收的重金属元素过量，引起蓝莓中毒。

关于土壤pH值对蓝莓生长及树体营养的作用国内外已有很多研究，研究结果不尽相同，但普遍认为蓝莓无论品种如何，在酸性土壤上生长良好。蓝莓生长的最适pH值因土壤类型等因素而改变，通常范围为4.0～5.2。土壤pH值过高，导致铁缺乏，引起变色病；随着pH值的升高，缺铁失绿现象趋于严重。土壤pH值由4.5增至6.0，兔眼蓝莓产量逐渐下降，而当pH值升至7.0时，植株开始死亡。同时，土壤pH值高不仅影响蓝莓对铁的吸收，而且容易造成对钙、钠吸收过量，不利于蓝莓的生长。当然，不同种类、不同品种适宜的土壤pH值范围也有所不同。

另外，土壤pH值对蓝莓果实中的重要功能成分花青素的积累也有影响。研究表明，当土壤pH值在4.0～5.0时蓝莓果实中花青素的含量最多，在pH值为4.5时蓝莓花青素的积累达到最大值，此时的土壤酸碱环境不仅有利于蓝莓花青素的积累，对蓝莓的生长也会起到明显的促进作用。其原因是花青素主要含有酮类化合物，在微酸性条件下，酮类化合物中的羰基容易结合氢离子形成带正电荷的羟基，从而有利于花青素的合成。而土壤碱性过高，对花青素的积累有抑制作用。

目前，国内外采用的较普遍的调节土壤pH的方法就是施加硫黄。施加硫黄的主要优点是效果持久稳定，其作用机理是硫黄施入土壤后，被硫细菌氧化成硫酸酐，硫酸酐再转化成硫酸，硫酸起到了调节pH的作用。东北暗棕色森林土施硫量为130克/米^{3}时，对降低土壤pH效果是明显的；东北黑土施硫量为1.5～2.0千克/米^{3}时，调酸效果较好。此外，增加土壤有机质含量也是调节土壤pH的有效方法，栽培蓝莓土壤的有机质含量要高于3%。常用来改良土壤酸碱度的物质包括草炭、木屑、苔藓等。

5. 菌根

蓝莓根系呈纤维状，没有根毛，从土壤中吸收水分、养分的能力比较弱，但在自然状态下，蓝莓根系都与真菌共生形成菌根，这在很大程度上弥补了蓝莓根系结构在吸收水分、养分上的缺陷。在美国北卡罗来纳州，野生蓝莓群丛中菌根感染率达85%。侵染蓝莓的菌根真菌统称为石楠属菌根，专一寄生石楠属植物。目前已发现侵染蓝莓的菌根真菌有十余种。菌根真菌侵染对蓝莓生长发育及养分吸收的重要作用可归纳为以下几点。

（1）促进养分吸收

菌根在土壤中能代替蓝莓的根毛吸收磷、铁等营养元素和水分，并能阻止磷从蓝莓根向外排泄。菌根真菌还可以分泌有机酸，促使一些不易溶解的无机和有机化合物转化为可溶性养分，被蓝莓吸收。在自然条件下，蓝莓生长的酸性有机土壤中能被根系直接吸收利用的氮含量比较低，而不能被根系吸收有机态氮含量很高。据调查，蓝莓生长的典型土壤中可溶性有机氮占71%，而可交换和不可交换的铵离子只占0.4%。菌根侵染后，通过真菌的自身代谢以及与蓝莓根系中物质的交流作用，促进根系直接吸收和利用有机态氮。研究发现，对蓝莓接种真菌形成菌根后，植株氮的含量可以提高17%。此外，在对人工接种菌根的研究中还发现，菌根可明显促进蓝莓对难溶性磷以及钙、硫、锌和锰等元素的吸收。

（2）拮抗蓝莓对重金属元素的吸收，防止中毒

蓝莓生长的酸性土壤pH值比较低，使土壤中重金属元素（如铜、铁、锌和锰等）可利用水平很高，导致植株容易由于重金属吸收过量而中毒，产生生理病害甚至死亡。菌根真菌的一个重要作用是，当土壤中可利用重金属元素含量过高时，根皮细胞内的真菌菌丝可以主动吸收过量的重金属离子，缓解蓝莓植株对重金属元素被动吸收的压力，防止植株重金属中毒。

通过提高土壤有机质含量可以有效地增加菌根真菌对蓝莓根系的侵染。这主要是因为土壤有机质含量增加能够改善土壤的通气状况，促进菌根真菌的生长，提高其侵染效率。另外，有效降低土壤pH值也能够在一定程度上提高菌根真菌的侵染效率。

第3章　蓝莓主要品种及特性

　　根据树体特征、果实特点及区域分布的不同，蓝莓可以分为三大类：兔眼蓝莓、高丛蓝莓、矮丛蓝莓。兔眼蓝莓可高达7米以上，生产上多控制在3米以下；高丛蓝莓高多为2～3米，生产上多控制在1.5米以下；矮丛蓝莓一般高15～50厘米。蓝莓单果重0.5～2.5克，多为蓝色、蓝黑色或红色。从生态分布上，从寒带到热带都有分布。世界各地的蓝莓栽培种类以兔眼蓝莓和高丛蓝莓为主，野生种以及由野生种选育出来的矮丛蓝莓种植较少。随着蓝莓的发展，高丛蓝莓又被细分为北高丛蓝莓、南高丛蓝莓以及半高丛蓝莓三种类型。其中，从高丛蓝莓中杂交改良出的冷温需要量较小的品种称为南高丛蓝莓，冷温需要量大的称为北高丛蓝莓。

3.1　兔眼蓝莓

　　兔眼蓝莓树体高大，寿命长，抗湿热，抗旱，但抗寒性差，-27℃低温可使许多品种受冻，对土壤条件要求不严，适宜于我国长江流域及其以南的丘陵地带栽培。向南发展时要考虑栽培地区是否能满足450～850小时小于7.2℃的冷温需要量的条件；向北发展时需要考虑花期霜害及冬季冻害。主要优良品种如下。

1. 贵蓝（T-100）

1968年美国佐治亚州发表的品种，由 Tifblue × Menditoo 杂交育成，晚熟种。树势强，直立型，比梯芙蓝长势好而且枝条粗。果粒大至极大，甜度极大，酸度中等，有特殊香味，果汁多。果皮硬，果粉多。果蒂痕小而干。果肉紧实，适宜运输。

2. 芭尔德温（Baldwin-T-117）

1983年美国佐治亚州发表的品种，由 Ga.6-40（Myers × Black Giant）× Tifblue 杂交育成，晚熟种。树势强，开张型。果粒中至大，甜度大，酸度中等，果实硬，风味佳。果皮暗蓝色，果粉少。果蒂痕干且小。收获期长。适宜于庭园、观光园栽培。

3. 园蓝（Gardenblue）

1958年美国佐治亚州发表的品种，中晚熟种。树势强，直立，树高2.6米，冠幅1.4米。果实中粒，甜度大，酸度小，有香味。果粉少，果皮硬。在土壤条件差的地方也能旺盛生长，适宜于公园、围墙等场所栽培。

4. 南陆（Southland）

1969年美国佐治亚州发表的品种，中晚熟种。树势中等，直立，枝梢多，新梢生长量小。果粒中至大，甜度大，酸度中等，有香味。果粉多，果皮亮蓝色。果蒂痕小而干。成熟后果皮硬，裂果少。

5. 门梯（Menditoo）

1958年美国北卡罗来纳州发表的品种，中晚熟种。树势强，直立，树高2.3米，冠幅2.1米。果实中粒，最大单果重2.96克，最小单果重1.38克，平均2.01。甜度大（BX 17.8%），酸度中等（pH 3.24），有香味，是受人喜爱的品种。果蒂痕小、湿。收获期长，产量高。果穗疏松，易采摘，适宜于观光农园栽培。

6. 考斯特（Coastal）

1950年美国佐治亚州发表的品种，早中熟种。树势强，直立，树体大，树高达2.7米，冠幅1.25米。果粒中等大小，甜度大（BX 15.8%），酸度中等（pH 3.26），有香味。果粉少，果皮硬。果蒂痕大、湿。丰产。

7. 粉蓝（Powderblue）

1978年美国北卡罗来纳州发表的品种，由Menditoo × Tifblue杂交育成，晚熟种。树势强，直立型。果粒中等大小，比梯芙蓝的果粒略小，肉质极硬，甜度大（BX 15.2%），酸度中等（pH 3.40），有香味。果皮亮蓝色，果粉多。果蒂痕小且干。裂果少，贮藏性好。产量高。

8. 巨丰（Dellite）

1969年美国佐治亚州发表的品种，由T-15 × Britewell杂交育成，中晚熟种。树势强，直立型，分枝多。果粒中至大。果皮亮蓝色，果粉多。甜度大，酸度小，糖酸比比其他品种高，香味好。果蒂痕小而干。对土壤条件的变化反应敏感。

9. 顶峰（Climax）

1974年美国佐治亚州发表的品种，由Callaway × Ethel杂交育成，早熟种。树势强，开张型。果粒中等大小，果肉质硬中等。甜度大（BX 17.4%），酸度中等（pH 3.15），具香味，风味佳。果粉少。果蒂痕小、湿。果实成熟期比较集中。晚成熟的果实小且果皮粗。果肉紧实，贮藏性好，适宜机械采收，适宜鲜果销售。枝条抽生局限在相对较小的区域内，因此，重剪或剪取插条对生长不利。

10. 灿烂（Britewell）

1983年美国佐治亚州发表的品种，由Menditoo × Tifblue杂交育成，早熟种。树势中等，直立。果粒中至大，最大单果重为2.56克，最小单果重为1.21克，平均1.85克。果实甜度大（BX 17.4%），酸度中等（pH 3.35），有香味。果肉质硬。果蒂痕小、速干。丰产性极强。抗霜冻能力强。不裂果，适宜机械采收和鲜果销售。

11. 蓝铃（Bluebell）

1974年美国佐治亚州发表的品种，中晚熟种。树势中等，直立。果粒中至大，最大单果重为2.80克，最小单果重为1.32克，平均为1.92克。果实甜度大（BX 14.0%），酸度大（pH 3.00），有香味。果皮亮蓝色，果粉多。果蒂痕小、湿。极丰产。果实成熟期持续时间长，但果实充分成熟后迅速变软，不适宜运输。适宜于庭园栽培。

12. 蓝宝石（Bluegem）

1970年美国佛罗里达大学发表的品种，早熟种。树势中等，开张型。果粒中至大，甜酸中等，有特殊香味，食味好，果肉硬。果皮亮蓝色，果粉多。果蒂痕小而干。果肉紧实，贮藏性好。果实成熟后可在树体保留相对较长时间，而且第一次可以采收果实的80%以上，适宜机械采收。是产量较高的种类。

13. 乌达德（Woodard）

1960年美国佐治亚州发表的品种，由Callaway×Ethel杂交育成，早熟种。幼树时期树势弱，开张型；成树后生长旺盛，树高达1.2米，冠幅85厘米左右。此品种对冷温需要量低，春季高温后很快开花，易受霜害。果粒中至大，扁圆形，完全成熟后果实风味极佳，但完全成熟前风味偏酸。果皮亮蓝色，果粉多。果蒂痕大、干。果实质软，不适于鲜果远销。为保证结实，应采取弱修剪。

14. 布莱特蓝（Briteblue）

1969年美国佐治亚州发表的品种，由Callaway×Ethel杂交育成，晚熟种。树势强，开张型，与梯芙蓝的树形相近。果实中粒，平均单果重1.76克。果实香味浓，甜度大（BX 14.2%），酸度中等

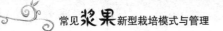

（pH 3.08）。充分成熟前果实风味偏酸，因此需要等到完全成熟后采收。该品种栽培前几年生长较慢，需轻剪。果皮亮蓝色，果粉特别多。果蒂痕小而干。果穗长，易于采收，并且成熟后可在树体保留相对较长时间。丰产，裂果少，耐贮运，可作为鲜果远销。

15. 梯芙蓝（Tifblue）

1955年美国佐治亚州发表的品种，由 Ethel×Claraway 杂交育成，中晚熟种。树势强，直立。果粒中至大，淡蓝色，果肉紧实，质极硬，风味佳，耐贮藏。果蒂痕小而干。果实完全成熟后可在树体保留相对较长的时间，成熟前酸味浓，不能过早采收。对土壤适应性强。由于其丰产性强，采收容易，果实质量好，现在仍然广泛栽培。耐寒性较弱。

16. 乡铃（Homebell）

1950年美国佐治亚州发表的品种，晚熟种。树势强，开张型。果实圆形，果粒小至中，平均单果重1.53克，有甜味但无香味，甜度大（BX 17.8%），酸度中等（pH 3.15）。果皮暗青色，果粉少。果蒂痕大、干。极易扦插。耐寒性不太强。

17. 杰兔（Premier）

1978年美国北卡罗来纳州选育，亲本为 Tifblue×Homebell，早熟种。植株很健壮，树冠开张，中大，极丰产。耐高pH值，适宜于各种类型土壤栽培。能自花授粉，但配置授粉树可大大提高座果率。果实大至极大，悦目蓝色，质硬，果蒂痕干，具芳香味，风味极佳。适于鲜果销售栽培。

3.2 南高丛蓝莓

南高丛蓝莓喜湿润、温暖气候条件，冷温需要量小于600小时，抗寒性差，适宜于我国黄河以南地区，如华东、华南地区种植。与兔眼蓝莓品种相比，南高丛蓝莓具有成熟期早、鲜食风味佳的特点。在山东青岛5月底至6月初成熟，南方地区成熟期更早。这一特点使南高丛蓝莓在我国江苏、浙江等省具有重要的栽培价值。主要优良品种如下。

1. 夏普蓝（Sharpblue）

1976年美国佛罗里达大学发表的品种，由Florida61-5×Florida 63-12杂交育成，中熟种。树势中至强，开张型。果粒中至大，甜度大（BX 15.0%），酸度小（pH 4.00），有香味。果汁多，适宜制作鲜果汁。果蒂痕小、湿。冷温需要量为150～300小时。土壤适应性强。丰产。不适宜运输。4年生夏普蓝植株的形态见彩图3-1。

2. 佐治亚宝石（Georgiagem）

树体半开张，高产且连续丰产。果粒中至大，果肉硬，果蒂痕小且干。配置授粉树可提高产量和品质。冷温需要量为359小时。抗霜能力差。

3. 艾文蓝（Avonblue）

1977年美国佛罗里达大学发表的品种，由（Florida1-3×Berkeley）×（Pioneer×Warehan）杂交育成，晚熟种。树势强，开张型。枝梢多，花芽多，需强剪枝。果粒中至大，甜度中等（BX 9.5%），酸度中等，有香味。果粉多。果蒂痕小而干。冷温需要量为300～400小时。丰产。适宜运输。

4. 瞳仁（Hitomi）

日本命名的来历不详的南高丛蓝莓品种，晚熟种。生长快，易栽培。果粒大，甜度大（BX 14.0%），酸度中等（pH 3.95），有香味。果肉紧实，耐贮藏、运输。果柄长，易采收。果蒂痕小、湿。产量中等。

5. 酷派（Cooper）

美国密西西比州以 Bluecrop 为亲本育成的品种，1987年由美国农业部发表，晚熟种。树势弱，直立型。叶细、淡银色。果粒中等，甜度大（BX 11.5%），酸度中等，有香味。果蒂痕小而干。冷温需要量为400～500小时。

6. 木兰（Magnolia）

美国密西西比州育成的品种，1994年由美国农业部发表，晚熟种。树势中等，开张型。果粒中等，果粉多，甜度大（BX 14.0%），酸度中等（pH 3.59），同一种类中属果味较好的品种。果肉紧实、多汁，但果皮较硬。果蒂痕浅小、干。冷温需要量为400～500小时。

7. 开普菲尔（Cape Fear）

1987年美国北卡罗来纳州发表的品种，中熟种。树势强，直立型。果粒中，甜度大（BX 14.0%），酸度小（pH 4.57），有香味。果肉质硬。果蒂痕小而干。冷温需要量为500～600小时。土壤适应性好，易栽培。果穗大，易采收。

8. 阳光蓝（Sunshine Blue）

20世纪80年代美国农业部发表的品种，由 Avonblue 的自然杂交实生苗选育得来，晚熟种。常绿低木，细枝多。果粒大，食味良好。甜度大（BX 13.0%），酸度中等。在 pH 值较高的土壤条件下也能生长发育。花粉红，适宜家庭园艺栽培。

9. 海滨（Gulfcoast）

美国密西西比州以 Bluecrop 为亲本育成的品种，1987年由美国农业部发表，中熟种。树势中等，树叶银色，直立，结实后开张。果粒中等，甜度大（BX 13.0%），酸度中等，有香味。果蒂痕小而干。冷温需要量为200～300小时。

10. 佛罗里达蓝（Flordablue）

1976年美国佛罗里达大学发表的品种，由Florida63-20×Florida 63-12杂交育成，中熟种。树势中等，开张型。果粒中至大，甜度大（BX 14.0%），酸度中等，有香味。果蒂痕小而干。冷温需要量为150～300小时。果肉硬度中等，不适宜运输。丰产。

11. 薄雾（Misty）

1989年美国佛罗里达大学发表的品种，中熟种。树势中等，开张型。果粒中至大，甜度大（BX 14.0%），酸度小（pH 4.20），有香味。果蒂痕小而干。冷温需要量为200～300小时。南高丛蓝莓品种中最丰产种，属暖带常绿品种。

12. 奥尼尔（O'Neal）

1987年美国北卡罗来纳州发表的品种，早熟种。树势强，开张型。果粒大，甜度大（BX 13.5%），酸度小（pH 4.53），香味浓，是南高丛蓝莓品种中香味最大的。果肉质硬。果蒂痕小、速干。冷温需要量为400～500小时。耐热品种。丰产。

13. 布莱登（Bladen）

1994年美国北卡罗来纳大学发表的品种，早熟种。树势强，直立型。果实中粒，果肉紧实，甜度大（BX 14.0%），酸度中等，有特殊香味。缺点是种子较大。果蒂痕小而干。冷温需要量为600～700小时。丰产。裂果少。小花红色、美观，适宜家庭园艺用。

14. 军号（Reveille）

1990年美国北卡罗来纳州发表的品种，早熟种，成熟期几乎与北高丛蓝莓中的早蓝相同。树势强，直立型。果实中粒，质硬，运输性好，甜度大（BX 11.0%），酸度小（pH 4.54），有香味。果汁多，鲜果汁食用最佳。果粉多。果蒂痕小、速干。冷温需要量为

600～700小时。丰产。抗霜害。

15. 南月（Southmoon）

1995年美国佛罗里达大学杂交选育的品种，为美国专利品种（专利号为PP9834）。从多个亲本自然混合授粉的实生后代中选出，其亲本包括夏普蓝、佛罗里达蓝、艾文蓝、FL4-76、FL80-46。早熟种，比夏普蓝早熟8天左右。树体健壮、直立，在较好的土壤条件下栽培树高可达2米，树冠直径可达1.3米。冷温需要量为400小时。由于开花比较早，易遭受晚霜危害。果实大，平均单果重2.3克，略扁圆形，暗蓝色，果蒂痕小且干，果肉硬，风味甜，略有酸味。栽培时需配置授粉树，夏普蓝和佛罗里达蓝均可作授粉树。

16. 比乐西（Biloxi）

1998年美国农业部ARS小浆果研究站杂交选育的品种，亲本为Sharpblue×US329。树体直立、健壮。丰产性强。果实颜色佳，果蒂痕小，果肉硬，果实中等大小，平均单果重1.47克，鲜食风味佳。该品种的突出特点是果实成熟期早，比顶峰早熟14～21天。栽培时需要配置授粉树。另外，由于开花期早，易受晚霜危害。

3.3　北高丛蓝莓

北高丛蓝莓喜冷凉气候，抗寒性较强，有些品种可抵抗-30℃的低温，适宜于我国北方沿海湿润地区及寒地种植。果实较大，品质佳，鲜食口感好，是目前世界范围内栽培最为广泛、栽培面积最大的品种类群。主要优良品种如下。

1. 布里吉塔（Brigitta）

1979年澳大利亚发表的品种，晚熟种。树势强，树高中等。果粒大，甜度大（BX 14.0%），酸度中等（pH 3.30），香味浓，果味酸甜适度，是同一时期品种中果味最好的。果蒂痕小而干。土壤适应性强。已经作为鲜果专用的培养品种普及各国。

2. 蓝丰（Bluecrop）

1952年美国新泽西州发表的品种，由（Jersey × Pioneer）×（Stanley × June）杂交育成，中熟种，是美国密歇根州主栽品种。树体生长健壮，树冠开张，幼树时枝条较软。抗寒性强，其抗旱性是北高丛蓝莓中最强的。丰产，并且连续丰产能力强。果实大、淡蓝色，果粉厚，肉质硬，果蒂痕干，具清淡芳香味，未完全成熟时略偏酸，风味佳，甜度大（BX 14.0%），酸度中等（pH 3.29），属鲜果销售优良品种。建议作鲜食品种栽培。

3. 都克（Duke）

1986年美国农业部与新泽西州农业试验站合作选育，由（Ivanhoe × Earliblue）×（E-30 × E-11）杂交育成，早熟种。树体生长健壮、直立、连续丰产。果实中大、淡蓝色，质硬，清淡芳香风味，甜度大（BX 12.0%），酸度小（pH 4.90），果粉多，外形美观，果蒂痕中等大小、湿。丰产。此品种可作为蓝塔的替代品种。

4. 埃利奥特（Elliott）

1967年美国新泽西州发表的品种，由 Dixi ×（Jersey × Pioneer）× Burlington 杂交育成，极晚熟种。树势强，结实后渐渐稳定。果粒中至大，甜度大（BX 12.0%），酸度大（pH 2.96），有香味。果皮亮蓝色，果粉多。果肉硬，果实熟期集中，可以机械采收。

5. 晚蓝（Lateblue）

1967年美国新泽西州发表的品种，由 Herberd × Coville 杂交育成，晚熟种。树势强，直立型。果粒中至大，甜度大（BX 12.0%），酸度中等（pH 3.07），香味浓。果皮亮蓝色，果粉多，果蒂痕中等大小、干。果肉硬，运输性好。极耐寒。

6. 迪克西（Dixi）

1936年美国发表的品种，由（Jersey × Pioneer）× Stanley 杂交育成，晚熟种。树势强，直立型。果粒大，果汁多，味道好，是人气非常高的品种之一。果实扁圆形，果粉少。果实贮藏性较差。

7. 红利（Bonus）

美国密歇根州个人发表，由 Elliott 的自然杂交实生苗选育而得，晚熟种。树势强，果粒大至极大，甜度大（BX 13.5%），酸度中等（pH 3.24），有香味。果蒂痕小而干。果实成熟期集中。是大粒品种中较有前途的品种。

8. 伊丽莎白（Elizabeth）

1966年美国新泽西州发表的品种，晚熟种。树势强，直立型。果粒大至极大，甜度大（BX 15.0%），酸度中等（pH 3.33），香味浓。果蒂痕大小中等、湿。果穗大，易采收，是晚熟种中食味较好、较有希望的品种。

9. 蓝金（Bluegold）

1989年美国新泽西州发表的品种，晚熟种。树势中度，直立，结实后开张。果粒中等，甜度大（BX 14.0%），酸度中等（pH 3.45），香味浓。果蒂痕小而干。多发生基生枝，所以结果枝容易更新。丰产而且收获期短，人工采收和机械采收均可。抗寒性强。

10. 达柔（Darrow）

1965年美国发表的品种，由（Wareham × Pioneer）× Bluecrop 杂交育成，晚熟种。树势中度，直立型。果粒大至超大，甜度大（BX 14.0%），酸度中等（pH 3.45），香味浓。果实的酸味有随着栽培地海拔高度增加而增强的趋势。果皮亮蓝色。果蒂痕大小及湿度均中等。裂果少，贮藏性差。

11. 北卫（Patroit）

1976年美国选育的品种，亲本为Dixi×Michigan LB-1，早中熟种。树体健壮、直立，极抗寒（-29℃），抗根腐病。果实大，略扁圆形，质硬，悦目蓝色，风味极佳。果蒂痕极小且干。为北方寒冷地区鲜果市场销售和庭院栽培的首选品种。

12. 纳尔逊（Nelson）

1988年美国农业部发表的品种，中晚熟种。树中等大小，幼树直立，结实期以后开张。果粒大至极大，甜度大（BX 12.0%），酸度中等（pH 3.40），有特殊香味。果蒂痕小而干。丰产。运输性好。极耐寒。

13. 康维尔（Coville）

1949年美国新泽西州发表的品种，由GM37×Stanley杂交育成，晚熟种的代表种。对土壤适应性强，树势强，植株大。幼树直立，结实后枝条下垂，逐渐开张。果实粒大，甜度大（BX 10.5%），酸度大。果皮亮蓝色，果粉多。果蒂痕大小及湿度均中等。果实易保存，裂果少。

14. 赫伯特（Herberd）

1952年美国发表，由Stanley×（Jersey×Pioneer）杂交育成，中晚熟种。树势强，直立，但随树龄的增长而开张。果实大粒，甜度大（BX 11.0%），酸度大，有浓香。果皮亮蓝色、柔软，果粉少。果蒂痕大小及湿度均中等。果质优良，但果实易受伤，运输性差。对土壤的适应性强，产量稳定。

15. 伯克利（Berkeley）

1949年美国新泽西州发表的品种，由Jersey×Pioneer杂交育成，早中熟种。树势强，直立后开张，枝梢少。果实大粒，柔软，着生紧密，甜度大（BX 14.0%），酸度中等（pH 3.51），有香味。果蒂痕中等大小，湿度亦中等。丰产。缺点是收获期间易落果。

16. 爱国者（Patriot）

1976 年美国缅因州发表的品种，由 Dixi×Michigan LB-1 杂交育成，早熟种。树势强，直立型，枝梢短。果粒大，香味好，甜度大（BX 14.5%），酸度中等（pH 3.69），属于食味较好的品种。果蒂痕小、中湿。耐寒性强，冬季能抵抗 -20℃左右的低温。

17. 蓝光（Blueray）

1955 年美国新泽西州发表的品种，由（Jersey×Pioneer）×（Stanley×June）杂交育成，早中熟种。幼树期树势强，直立，结实后开张。果实中粒，扁圆形，着生紧密，几乎没有裂果，甜度大（BX 12.0%），酸度中等（pH 3.33），有特殊香味。果皮亮蓝色，果粉多。果蒂痕大、湿。耐寒。产量稳定。

18. 艾克塔（Echota）

1988 年美国北卡罗来纳州发表的品种，早中熟种。树势强，直立型，枝细，茎小。果实中粒、球形，甜度大（BX 15.0%），酸度小（pH 4.06），有特殊香味。果粉多。果蒂痕中等大小、湿。收获期长。

19. 蓝片（Bluechip）

1979 年美国北卡罗来纳州发表的品种，由 Croatan×US11-93 杂交育成，早中熟种。树势强，直立型。果粒大，甜度大（BX 13.5%），酸度中等（pH 3.58），有香味。果皮亮蓝色，果粉多。果蒂痕小而干。果实口感好，但未成熟果酸味强。果穗大，易收获。产量高。寒冷地和温暖地均适宜栽培。

20. 蓝港（Blue Haven）

1967 年美国密歇根州发表的品种，由 Berkeley×（Lowbush×

Pioneer实生苗）杂交育成，早中熟种。树势强，直立型。果粒大，甜度大（BX 15.0%），酸度中等（pH 3.90）。果皮亮蓝色，果粉多。果蒂痕中等大小、干。果皮硬，适宜运输。丰产，耐寒，贮藏性好。

21. 塞拉（Sierra）

1988年美国新泽西州发表的品种，早中熟种。树势强，直立型。果粒大至极大，甜度大（BX 14.5%），酸度中等（pH 3.70），有香味。果蒂痕小而干。土壤适应性强，易栽培。收获期长。

22. 哈里森（Harisson）

1974年美国农业部与北卡罗来纳州农业研究中心合作选育的品种，由Croatan×US11-93杂交育成，早熟种。树势强，开张型，枝条粗、数量少。果粒大，甜度大（BX 14.0%），酸度小（pH 4.48），有香味。果皮深蓝色，果粉少。果蒂痕小且干。丰产，耐贮藏。

23. 陶柔（Toro）

1987年美国新泽西州发表的品种，由Earliblue×Ivanhoe杂交育成，早熟种。树势强，开张型。果粒大，甜度大（BX 13.0%），酸度小（pH 4.25），香味浓。果皮深蓝，果粉多。果蒂痕小而干。果穗大，便于收获。适宜机械采收。果实酸度大，易贮藏。

24. 日出（Sunrise）

1988年美国新泽西州发表的品种，早熟种。树势强，直立型。果实中粒，甜度大（BX 14.0%），酸度小（pH 4.00），有香味。果粉多，外形美观。果实成熟期一致。

25. 米德（Meader）

1971年美国新海波塞尔农业试验站选育的品种，由Earliblue×Bluecrop杂交育成，早熟种。树势中等，直立或中间型。果粒中至大，果味香，品质好，甜度大（BX 14.0%），酸度小（pH 4.43）。果皮亮蓝色，果粉多。果蒂痕小且干。丰产，且果实成熟期接近一致，过熟时亦不落果、裂果，适宜机械采收。

26. 蓝鸟（Bluejay）

1978年美国新泽西州发表的品种，由 Berkeley × Michigan241（Pioneer × Taylor）杂交育成，早熟种。树势强，直立，结实后中间型。果粒大，甜度大（BX 14.5%），酸度中等（pH 3.68），有香味，食味浓厚。果皮亮蓝色，果粉多。果蒂痕小、干。果穗大，产量高。土壤适应性强，易栽培。果实不容易受伤，适宜机械收获。

27. 考林（Collins）

1959年美国新泽西州发表的品种，由 Stanley × Weymouth 杂交育成，早熟种。树势强，直立型。果粒中等大小，甜度大（BX 15.0%），酸度小（pH 4.18），香味好，果味浓厚。果皮亮蓝色，果粉多。果蒂痕大小及湿度均中等。收获期易产生裂果。

28. 斯巴坦（Spartan）

1997年美国新泽西州发表的品种，由 Earliblue × US11-93 杂交育成，早熟种。树势强，直立型。果实极大粒，最大果可重达6克，是非常受人喜爱的品种，香味、食味均好，甜度大（BX 14.0%），酸度小（pH 4.41）。果蒂痕大小和湿度均中等。果皮深蓝色，果粉少。几乎没有裂果。耐寒性较强，是目前栽培品种中果实品质最优良的品种。对土壤的适应性差，在黏质土壤条件下有发育不良的现象。

29. 早蓝（Earliblue）

1952年美国新泽西州发表的品种，由 Stanley × Weymouth 杂交育成，极早熟种。树势强，直立型。果实扁圆形，大粒，有香味，甜度大，酸度小。果皮韧、亮蓝色，果粉多。果蒂痕小且干。不易裂果，比较耐保存。丰产性良好。

30. 维口（Weymouth）

1936年发表的栽培史较长、现在也很受欢迎的极早熟种，由June×Cabot杂交育成。树势中等，树体小，结实后枝条下垂，呈开张型。果实中粒，甜度大（BX 11.0%），酸度小，有香味或香味淡。果皮暗蓝，果粉量中等。果蒂痕大小和湿度均中等。丰产，但果实过熟时易产生裂果。

31. 蓝塔（Bluetta）

1968年美国农业部和新泽西州农业部合作选育的品种，由（North Sedwick×Coville）×Earliblue杂交育成，极早熟种。树势中等健壮，树体大小中等，呈开张型。果粒中等，甜度大（BX 14.0%），酸度中等（pH 3.89），有香味，风味比其他早熟种佳。果皮蓝色，果粉多。果肉质硬。果蒂痕大、湿。极抗寒，连续丰产性强，耐贮运性强。

32. 公爵（Duke）

1986年美国农业部与新泽西州农业试验站合作选育，亲本为（Ivanhoe×Eariblue）×（E-30×E-11），早熟种。树体健壮、直立，连续丰产。果实中大，淡蓝色，质硬，清淡芳香风味。

33. 伯吉塔蓝（Brigita Blue）

1980年澳大利亚农业部维多利亚园艺研究所选育的品种。由Lateblue自然授粉后代中选出。树体极健壮、直立。果实大，蓝色，风味甜。果蒂痕小且干。适宜机械采收。

34. 雷戈西（Legacy）

树体直立，分枝多，内腔结果多。丰产，早熟种，比蓝丰早熟1周。果实大，蓝色，质地很硬。果蒂痕小且干。果实含糖量很高，汁甜，鲜食风味极佳，被认为是目前鲜果品质最好的品种之一。

3.4　半高丛蓝莓

半高丛蓝莓是由高丛蓝莓和矮丛蓝莓杂交获得的品种类型。由美国明尼苏达大学和密执安大学率先开展此项工作。育种的主要目标是通过杂交选育果实大、品质好、树体相对较矮、抗寒性强的品种，适宜于北方寒冷地区栽培。此品种群的树高一般为50～100厘米，果实比矮丛蓝莓大，但比高丛蓝莓小，抗寒性强，一般可抗-35℃低温。主要优良品种如下。

1. 齐佩瓦（Chippewa）

1996年美国明尼苏达大学发表的品种，中熟种。果粒大，甜度大（BX 14.0%），酸度中等（pH 3.60），有香味，食味浓厚，为同时期品种中味道最好的。果蒂痕小而干。极抗寒品种。

2. 友谊（Friendship）

1990年美国威斯康星大学发表的杂交育成品种。树高80厘米左右，树势与北村相似。耐寒性非常强。果实产量较高。果粒小，平均单果重约0.6克。果实柔软，甜酸适度。

3. 圣云（St.Cloud）

早熟种。树势低，开张型。果粒中至大，果味好，甜度大（BX 11.5%），酸度中等（pH 3.70）。果蒂痕小、湿。抗寒性强。丰产。

4. 北空（Northsky）

1983年美国明尼苏达大学发表的品种，由B-6×R2P4杂交育成。耐寒性非常强，在有雪覆盖的条件下能抵抗-40℃的低温。树高35～50厘米，冠幅60～90厘米。产量中等，为450～900克/株。果粒小至中，风味良好。耐贮藏。灰色的果粉使果皮呈现出漂亮的蓝色。叶片稠密，夏季绿色带有光泽，秋季则变得火红，非常适宜观赏。

5. 北村（Northcountry）

1986年美国明尼苏达大学发表的品种，由B-6×R2P4杂交育成，早中熟种，比北蓝或北空早一周左右。树势中等，依土壤条件的不同会有所差异，树高45～60厘米，冠幅100厘米左右。耐寒性非常强，能耐-37℃低温。果粒中等，果实柔软、味甘，风味良好。耐贮藏。果皮亮蓝色。果实产量高，达1.0～2.5千克/株。叶小型、暗绿，秋季变红，且树姿优美，适宜观赏。抗寒，高寒山区可露地越冬。

6. 帽盖（Tophat）

1983年美国明尼苏达大学发表的品种，由B-6×R2P4杂交育成。耐寒性非常强，在有雪覆盖的条件下能抵抗-40℃的低温。树高35～50厘米，冠幅60～90厘米。产量中等，为450～900克/株。

7. 北蓝（Northblue）

1983年美国明尼苏达大学发表的品种，由Mn-36×（B-10×US-3）杂交育成，晚熟种。树势强，树高约60厘米。叶片暗绿色、有光泽是其一大特征。果实大粒，风味佳。果皮暗蓝色。耐贮藏。抗寒（-30℃）。丰产，产量为1.3～3.0千克/株，在较温暖地区收获量会有所增加。在排水不良的情况下易感染根腐病。除需及时剪除枯枝外，不必特意修剪。

8. 北极星（Polaris）

1996年美国明尼苏达州发表的品种，早熟种。树高与北陆相近。果粒大，成熟期一致，甜度大（BX 13.5%），酸度极小，果味与北高丛蓝莓中风味最好的斯巴坦相似。果皮淡蓝色。果蒂痕小而干。耐寒性强。产量中等。

9. 北陆（Northland）

1967年美国密歇根州发表的品种，由Berkeley×（Lowbush×Pioneer实生苗）杂交育成，早中熟种。树势强，直立型，树高1.2米左右，为半高丛蓝莓中较高的品种。果实中粒，果肉紧实、多汁，果味好，甜度大（BX 12.0%），酸度中等。果粉多。果蒂痕中等大小、干。不择土壤。极丰产。耐寒。

 3.5 矮丛蓝莓

此品种群的特点是树体矮小，一般高30～50厘米。抗旱性较强，且具有很强的抗寒性，在-40℃低温地区可以栽培，在北方寒冷山区，积雪基本可将树体覆盖，从而确保其安全越冬。栽培管理技术要求简单，极适宜于东北高寒山区大面积商业化栽培。但果实较小，主要用作加工原料。因此，大面积商业化栽培应与果品加工能力配套发展。主要优良品种如下。

1. 芬蒂（Fundy）

加拿大品种，中熟种。果实略大于美登。果皮淡蓝色，有果粉。丰产。

2. 芝妮（Chignecto）

加拿大品种，中熟种。果实近圆形，蓝色，果粉多。叶片狭长。树体生长旺盛，易繁殖，较丰产。抗寒性强。

3. 斯卫克（Brunswick）

加拿大品种，中熟种。果实球形，比美登略大，果皮淡蓝色。较丰产。抗寒性强，在长白山区可安全露地越冬。

4. 美登（Blomidon）

是加拿大农业部肯特维尔研究中心从野生矮丛越橘中选出的品种Augusta与451杂交育成，中熟种。树势强。果实圆形，有香味，风味好。果皮淡蓝色，果粉多。丰产，在长白山区栽培5年平均株产

0.83千克，最高达1.59千克。抗寒性极强，在长白山区可安全露地越冬，为高寒山区发展蓝莓种植的首推品种。

5. 坤蓝（Cumberland）

加拿大品种。在长白山区栽培表现为生长健壮、早产、丰产、抗寒。

第4章　蓝莓的育苗技术

蓝莓苗木繁育方法较多，除了通过实验室组织培养方法进行工厂化育苗外，扦插、分株、嫁接等方法均可采用。

4.1　扦插育苗

用蓝莓枝条扦插繁育苗木已有很长的历史，并有一套成熟的经验。蓝莓扦插繁殖因品种而异：高丛蓝莓主要采用硬枝扦插；兔眼蓝莓采用绿枝扦插；矮丛蓝莓绿枝扦插和硬枝扦插均可。

1. 硬枝扦插

主要应用于高丛蓝莓，但不同品种生根难易程度不同。

（1）插条的选择

插条应从生长健壮、无病虫害的优树上剪取。宜选择硬度大、成熟度良好且健康的枝条，尽量避免选择徒长枝、髓部大的枝条和冬季发生冻害的枝条。同时，选取的枝条应远离果园中有病毒病害发生的树。扦插枝条最好为1年生营养枝。如果插条不足，可以选择1年生花芽枝，但扦插时应将花芽抹去。然而，花芽枝往往生根率较低，根系质量差。插条在枝条上的部位对生根率的影响也很大。以枝条的基部作为插条，无论是营养枝还是花芽枝，生根率都明显高于以枝条的上部作为插条。因此，应尽量选择枝条的中下部位进行扦插（见表4-1）。

表4-1　枝条类型、部位对蓝莓扦插生根率的影响

单位：%

品种	基部		中下部		中上部		上部	
	营养枝	花芽枝	营养枝	花芽枝	营养枝	花芽枝	营养枝	花芽枝
先锋	66	57	66	37	39	2	24	0
六月	32	34	36	18	19	7	13	0
卡伯特	63	58	44	27	11	7	6	1

（2）插条的剪取时间

育苗数量较少时，剪取插条在春季萌芽前（一般为3—4月）进行，随剪随插；大量育苗时需提前剪取插条。一般枝条萌发需要800～1000小时的冷温，因此，剪取时应确保枝条已有足够的冷温积累，一般来说2月比较合适。

（3）插条的贮存

插条剪取后每50～100根1捆，埋入锯屑、苔藓或河沙中，温度控制在2～8℃，湿度控制在50%～60%。低温贮存可以促进生根。

（4）插条的准备

削插条的工具要锋利，切口要平滑。插条的长度一般为8～10厘米。上部切口为平切，下部切口为斜切，下切口正好位于芽下，这样可提高生根率。插条切完后每50～100根1捆，暂时用湿河沙等埋藏。

（5）扦插基质

将草炭与苔藓按1:1的比例充分混合或将草炭与锯屑、苔藓各占1/3的数量充分混合。草炭从草甸土或沼泽土中取出后应晾晒并翻动，使之松散，同时挑出石块等杂物。取回苔藓后，用水清洗掉土粒、杂物。锯屑最好来自未霉烂的阔叶树种。在这些基质混合材料中按1/100重量投入50%多菌灵粉剂及少量硫黄粉，使基质pH为

5～6。将上述混合物全部装入苗床内，厚12～15厘米，并拍实。

（6）苗床的准备

扦插可以直接在田间进行，扦插基质铺成1米宽、25厘米厚的苗床，长度根据实际需要而定。但这种方法由于气温和地温低，生根率较低。应用较多且费用比较少的是木质结构的架床。用木板制成约2米长、1米宽、40厘米高的木箱，木箱底部钉有具筛眼的硬板，木箱用圆木架离地面。采用这种方法可以提高生根率。

（7）生根剂的使用

对生根难度较大的品种宜用慢浸法，即将插穗基部3～5厘米在浓度为100～200毫克/升的萘乙酸或吲哚乙酸、吲哚丁酸液中浸泡24小时。对较易生根的品种可将插穗基部在浓度为1000～2000毫克/升的萘乙酸或吲哚乙酸液中处理3～5秒。

（8）扦插

一切准备工作就绪后，将基质浇透水（保证湿度但不积水）。然后将插条垂直插入基质中，只露一个顶芽。扦插距离按5厘米×5厘米，不要过密。过密一是造成生根后苗木发育不良，二是容易引起细菌侵染，使插条或苗木腐烂。

（9）插后管理

1）架拱、覆膜及罩网

拱棚高度高于苗床0.5～0.6米。拱棚覆透光度好的聚氯乙烯（PVC）或聚乙烯（PE）棚膜。再在棚膜上罩透光度为40%～60%的遮阳网。

2）湿度调控

扦插后立即向苗床上喷15～20℃的水，浸湿深度12～15厘米。从扦插至生根为25～30天，其间每2～3天于早晨揭开膜、网，视基质湿度情况喷水。生根后至9月，适当减少喷水次数。

3）温度及光照调控

扦插后白天拱棚内适宜温度为22~28℃，夜晚温度应不低于8℃。当温度超过28℃时应及时揭膜降温，夜晚若低于8℃，应加盖草帘或另覆薄膜以保持温度。中午光照过强、温度过高时，应及时罩网，通过罩网来控制拱棚内温度。

4）防病灭菌

扦插后至9月份，为防止插穗、根系及叶片发生霉烂，每15~20天向基质及苗上喷50%多菌灵粉剂500~700倍液。

5）撤膜、网

扦插后第60天前后，插穗基部已发生一定长度和数量的根系，此时外界气温已经很高，可撤去膜、网，这样有利于根系、新梢的生长发育和充分木质化。

6）苗木越冬防寒防病

生根的苗木一般在苗床上越冬，也可于9月份进行移栽抚育。如果生根苗在苗床越冬，苗床两边应在入冬前加土。生根育苗期间主要采用通风和去病株方法来控制病害。大棚或温室育苗要及时通风，以减少真菌病害和降低温度。

2. 绿枝扦插

绿枝扦插主要应用于兔眼蓝莓、矮丛蓝莓和高丛蓝莓中硬枝扦插生根困难的品种。这种方法相对于硬枝扦插条件严格，且由于扦插时间晚，入冬前苗木生长较弱，因而容易造成越冬伤害。但绿枝扦插生根容易。

（1）插条的剪取时间

剪取插条一般在生长季进行，因栽培区域气候条件的差异没有固定的时间，主要从枝条的发育来判断。比较合适的时期是在果实刚成熟时，此时产生二次枝的侧芽刚刚萌发。另外，在新梢停止生长前约1个月剪取未停止生长的春梢进行扦插不但生根率高，而且比夏季剪取插条多1个月的生长时间，一般到6月末即已生根。

（2）插条的准备

插条长度因品种而异，一般至少留4～6片叶。插条充足时可留长些，如果插条不足可以采用单芽或双芽繁殖，但以双芽较好，可提高生根率。为了减少水分蒸发，扦插时可以去掉插条下部1～2片叶，枝条下部插入基质，枝段上的叶片去掉，有利于扦插操作。但去叶过多影响生根率和生根后苗木发育。同一新梢不同部位作为插条的生根率不同，基部作插条的生根率比中上部低。

（3）生根剂的使用

蓝莓绿枝扦插育苗时用生根剂处理可大大提高生根率。常用的药剂有萘乙酸、吲哚丁酸及生根粉。采用速蘸处理，可很好地提高插条的生根率，生根剂浓度为萘乙酸500～1000毫克/升、吲哚丁酸2000～3000毫克/升、生根粉1000毫克/升。

（4）扦插基质

在美国蓝莓产区，最常用的扦插基质是草炭：河沙（1:1）或草炭：珍珠炭（1:1），也可单用草炭扦插。我国蓝莓育苗中采用的最理想扦插基质为苔藓或草炭。苔藓作为扦插基质保水性好，对苗木根系有较好的保护作用，缺点是通气较差，价格较高。草炭作为扦插基质有很多优点：疏松，通气好，而且为酸性，营养比较全，扦插生根后根系发育好，苗木生长快。土壤中的菌根真菌对苗木生根和苗木生长也有益处。利用河沙、珍珠炭、锯屑等混合基质生根率低，而且生根过程中易受到真菌侵染，苗木易腐烂，生根后由于基质营养不足、pH值偏高等问题，苗木生长较差。利用锯屑、河沙作基质生根率较高，但生根后需要移苗，费工费时，而且移苗过程中容易伤根，造成苗木生长较弱。

（5）苗床的准备

苗床设在温室或塑料大棚内，在地上平铺厚15厘米、宽1米的土壤，两边用木板或砖挡住，也可用育苗穴盘，装满基质。扦插前将基质浇透水。在温室或大棚内最好装有全封闭喷雾设备，如果没有喷雾设备，则需在苗床上扣高0.5米的小拱棚，以确保空气湿度。如果有全日光喷雾装置，绿枝扦插育苗可直接在田间进行。

（6）插后管理

苗床及插条准备好后，将插条用生根剂进行速蘸处理，然后垂直插入基质中，间距以5厘米×5厘米为宜，扦插深度为2～3个节位。

插后管理的关键是温度和湿度控制。最理想的是利用自动喷雾装置调节湿度和温度。温度应控制在22～27℃，最佳温度为24℃。如果在棚内设置小拱棚，需人工控制温度。为了避免小拱棚内温度过高，需要用遮阳网遮阴。生根前需每天检查小拱棚内温度和湿度，尤其是中午，需要打开小拱棚通风降温，以避免温度过高而造成插条死亡。生根之后，将小拱棚撤去，此时浇水次数也应适当减少。及时检查苗木是否有真菌侵染，发现时将腐烂苗拔除，并喷600倍多菌灵杀菌，控制真菌扩散。注意病虫害的防治，若发现虫孔，浇灌辛硫磷，每7天喷施杀菌剂1次。

（7）苗期管理

蓝莓绿枝扦插苗生根后（一般6～8周）开始施肥，施入完全肥料，溶于水中，以液态浇入苗床，浓度为3%～5%，每周1次。绿枝扦插一般在6—7月进行，生根后到入冬前只有1～2个月的生长时间。入冬前，在苗木尚未停止生长时，为温室加温，利用冬季促进生长。温室内的温度白天控制在23～24℃，晚上不低于16℃。

（8）移栽

当年生长快的品种可于7月末将幼苗移栽到营养钵中，营养土按草炭∶田园土＝1∶1的比例配制，并加入硫黄粉1千克/米³。

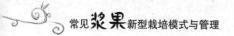

（9）休眠与越冬

扦插的蓝莓苗木需要在大棚内越冬。经硬枝或绿枝扦插的生根苗，于第二年春移栽，进行人工抚育。比较常用的方法是营养钵。栽植营养钵可以是草炭钵、黏土钵和塑料钵，其中以草炭钵最好，苗木生长高度和分枝数量都高。营养钵大小要适当，一般以12～15厘米口径较好。营养钵内基质用草炭（或腐苔藓）与河沙（或珍珠炭）按1∶1混合配制。苗木抚育1年后再定植。

（10）苗圃管理

蓝莓苗木扦插第二年，对已生根的苗木以培育大苗壮苗为目的，注意以下环节：①经常灌水，保持土壤湿润；②适当追施氮磷钾复合肥，促进苗木生长健壮；③及时除草；④注意防治红蜘蛛、蚜虫以及其他食叶害虫；⑤8月下旬以后控制肥水，促进枝条成熟。

（11）苗木出圃

10月下旬以后，将苗木起出、分级，注意防止机械损伤，保护好根系。

蓝莓扦插育苗实例见彩图4-1。

蓝莓扦插苗的生根过程见彩图4-2。

蓝莓扦插苗的生长和越冬情况见彩图4-3。

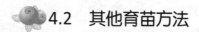 4.2 其他育苗方法

1. 根插繁殖

根插适用于矮丛蓝莓。于春季萌芽前挖取根状茎，剪成5厘米长的根段。在苗床或盘中先铺一层基质，然后平摆根段，间距5厘米，再铺一层厚2～3厘米的基质。根状茎上不定芽萌发后即可成为一株幼苗。

2. 分株繁殖

分株适用于矮丛蓝莓。许多矮丛蓝莓品种的根状茎每年可从母株向外行走18厘米以上，根状茎上的不定芽萌发出枝条长出地面后，将其与母株切断，即可成为一株新苗。

3. 种子繁殖

种子繁殖常用于育种中。对某些保守性的品种（如矮丛蓝莓），当苗木不足时可采用种子繁殖。采种要采完全成熟的果实。采种后可以立即在田间播种，也可贮存在-23℃低温下完成后熟后再播种。采用变温处理（4天1℃低温，4天21℃高温）32天后可有效提高萌芽率。用100毫克/升的赤霉素处理也可打破种子休眠。

播种基质：以泥炭：珍珠岩：蛭石=1：1：1的比例均匀混合后，用甲醛1000倍液进行严格消毒。

播种方法：将消毒后的播种基质放入播种盘并压平，播种基质高度比盘沿低1厘米。将种子均匀地撒在基质上，然后盖上一层薄薄的基质，用浸水法浸透基质，盖上玻璃。平时保持基质温润，播种温度控制在23～30℃。

4. 嫁接繁殖

嫁接繁殖常用于高丛蓝莓和兔眼蓝莓，主要是芽接和枝接。芽接应在木栓形成层活动旺盛，树皮容易剥离时进行。其方法与其他果树芽接基本一致。利用兔眼蓝莓作砧木嫁接高丛蓝莓，可以在不适于高丛蓝莓栽培的土壤上（如山地、pH值较高的土壤）栽培高丛蓝莓。枝接砧木一般选用同科的杜鹃花和乌饭树，有利于嫁接成活。通过嫁接可以提高蓝莓的适应性。

以不同方式繁殖的蓝莓苗在培育基地的生长情况见彩图4-4。

第5章　蓝莓的组织培养技术

组织培养育苗（以下简称组培育苗）是指通过无菌操作，把植物的叶、茎等器官（外植体）接种在培养基上，在适宜的环境条件下进行离体培养，使其发育成完整植株的过程。该过程是在脱离母体条件下的试管内完成的，因此又称为离体苗培育或试管苗培育。组培育苗用材少，繁育周期短，繁殖效率高，培养条件可人为控制，可常年供应，管理方便，利于工厂化生产和自动化控制。

5.1　组培育苗过程

细胞是植物的基本构成单位，拥有一套完整的遗传信息，若给予合适条件，能通过分化形成不同器官，最终发育成完整植株，这种能力叫作植物细胞的全能性。组培育苗即是以细胞的全能性为基础，人为提供外植体生长发育的合适条件，使细胞的全能性得以发挥。

植物组培育苗过程可简单概括为：外植体通过脱分化形成愈伤组织和愈伤组织再分化形成完整植株两个阶段（见图5-1）。

组培育苗包括三种具体实现途径：①外植体先分化成芽，待芽伸长后再在茎基部长根，形成完整的植株。②外植体先分化成根，再在根上产生不定芽，形成完整的植株。③愈伤组织在不同部位分别形成根和芽。

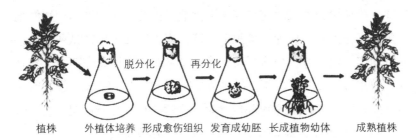

植株　　外植体培养　形成愈伤组织　发育成幼胚　长成植物幼体　　成熟植株

图5-1　组培育苗过程

组培育苗过程中，离体材料需要在适宜的外部条件下摄取足够的营养，才能发育成完整的植株。培养基包含植物生长所必需的各种矿物质、有机营养、植物生长调节物质等。同时，组培育苗需要适宜的外界环境条件，包括光照、温度、湿度、气体等。

5.2　组培育苗技术

蓝莓茎段组培育苗技术具有用材少、繁殖系数高等优点，是快速繁育蓝莓苗木的重要方法。

1. 取材及预处理

蓝莓组培育苗可用1.5厘米长的茎尖、2.0厘米长的茎段或花芽等作为外植体，茎段是基本材料，以春季新发枝中长度不超过15厘米的枝条为佳。

选择晴天上午取枝。枝条取回来后，在流水中冲洗2～4小时，然后把植物材料放在超净工作台上，用无菌蒸馏水清洗外植体两三次。把材料放进70%酒精中消毒20秒，并左右晃动。倒出酒精，用无菌水冲洗3～5遍，最后用0.1%的升汞（$HgCl_2$）消毒5～10分钟，用无菌蒸馏水冲洗3次以上。

2. 外植体接种

接种前超净工作台台面用70%酒精擦洗，再用紫外线灯照射30

分钟，接种用的器皿用前在高压锅中消毒灭菌，接种过程中用酒精灯多次烤烧灭菌。接种人员戴上口罩，双手用酒精棉擦拭两遍，接种时动作一定要快，预防污染。将消过毒的外植体放在超净工作台上，剪去1/2～2/3的叶片，2～3节切割成1段，接种到准备好的培养基上。所用培养基为WPM（木本植物专用试剂）+10毫克/升ZT（玉米素）培养基。蓝莓外植体接种实例见彩图5-1。

3. 外植体培养

将已接种好的培养物放在培养室中培养，培养条件为：温度25℃，相对湿度70%～80%，每日光照12～16小时，光强2000～3000勒克斯。3天后就可以看到芽萌动，7天后即有70%的芽萌发。20天后，新梢长度可达1.2厘米，叶片6～8枚，大小接近田间正常生长叶片的1/3。同时，叶色黄绿、鲜嫩，茎段底部膨大，产生明显的愈伤组织。蓝莓外植体培养过程见彩图5-2。

4. 增殖培养

初代培养30天后将发出的新梢转接在WPM+5毫克/升ZT培养基上开始增殖。增殖的环境条件与初代培养相同。经过连续多代增殖培养后，再生苗就开始生长和增殖。多数新梢粗壮，并出现二次枝现象，增殖率可超过12倍。蓝莓增殖培养苗生长情况见彩图5-3。

5. 生根培养

将增殖后的蓝莓枝条剪下，扦插在1/2WPM+0.1毫克/升IBA（吲哚乙酸）培养基上，1个月后枝条生根率可超过80%。有研究指出，在改良1/2WPM培养基中加入0.6毫克/升IBA和0.1%～0.2%活性炭可提高生根率，抑制组培苗落叶，促进组培苗健壮生长。

6. 驯化炼苗

炼苗时，提前3天打开瓶盖进行过渡。移栽时，小心地把苗从瓶中取出，洗净附着在根部的培养基，注意不要伤根，以免伤口腐烂。移栽在春夏季进行，此时小苗长势旺，成活率高。栽后在湿度100%的塑料棚中培养15天，然后在湿度80%、透光度70%的室外条件下过渡7天，再逐步通风换气。15天后完全揭去棚膜。2周后统计成活率，发现草炭：石英砂=2：1～3：1的组合效果最好，成活率为99%，苗木的生长量达1.2厘米以上，新增叶片2～4枚。蓝莓生根苗的炼苗与移栽成活率可达80%～90%，完全可以达到蓝莓栽培的要求。蓝莓组培苗生长情况见彩图5-4。

7. 苗木成活后的管理

苗木成活后，将其从育苗盘中取出，全部栽植到草炭：石英砂=2：1～3：1的苗床上，每个月漫灌一次，同时随水追施腐熟的饼肥一次。草多时，及时人工拔除。3个月后植株即可达到高度40厘米以上，茎粗0.4厘米以上。

第6章　蓝莓的建园及栽植

6.1　建园

1. 园地选择

园地选择适当是决定蓝莓栽培成功及生产无公害蓝莓的关键因素之一。一般来说，不论是山地还是平原，只要土质、气候条件适宜，周围环境无"三废"（废气、废水、固体废弃物）污染，均可种植蓝莓。但最好选择在阳光充足、排水通畅、土层深厚、土壤疏松、有机质含量高的地方建园。园地的选择主要考虑以下几个方面。

（1）生态条件

应选在空气清新，水质纯净，土壤无污染，且远离疫区、工矿区和交通要道的地方。如在城市、工业区、交通要道旁建园，应建在上风口，避开工业和城市污染源的影响。

（2）地形、地势

蓝莓园用地最好是平地或丘陵缓坡地块。蓝莓是强喜光树种，园地要有充足的光照。种植在阳光充足的南坡，能明显提高产量和品质。

（3）土壤、水源

宜选择在土层深厚、排水良好、透气性强、pH 4.5～5.5、有机质含量丰富的沙质土壤种植。浙江省大部分地区的土壤属于沙质土或黄红壤。沙质土通气性强，具有一定的保水能力，但土壤接近于中性或微酸性，种植前还需进行理化测定，根据需要改良土壤。黄红壤呈酸性，尚可满足蓝莓种植所需条件，但土质黏重，通透性差，有机质含量低，仍需适当增施有机肥，改善土壤理化及生物学性状。蓝莓根系较浅，无法从深层吸收水分，其综合耐旱能力有限，土壤宜保持潮而不涝的状态，故建园处需有水源。水源最好为水库或池塘，尽量不用自来水，同时还需将pH值调至生长所需水平。

2. 园地规划

蓝莓是多年生作物，建园前应对园地进行调查研究和实地勘测，选适合种植的区域进行规划。规划内容包括小区划分、道路、建筑物、排灌系统、防护林等。

（1）小区划分

建园面积较大时，为便于水土保持和操作管理，可将全园按地形划分成若干种植区。对于地形复杂的丘陵地带，小区可因地制宜加以划分。山地建园要按地形修好适宜宽度的等高梯田。

（2）道路

道路由主干道、干道和支路组成。主干道一般宽5～6米，可通中型汽车（如拖拉机和货车），连接外界公路。干道宽3～4米，既可作为各区分界，又是运肥、喷药等田间操作的通道。山地蓝莓园的支路应按等高线修筑，支路间规划好田间便道，一般依山势顺坡向排列，与梯田或蓝莓畦垂直，这样既有利于水土保持，又有利于操作。

（3）建筑物

建筑物依蓝莓园规模大小而定，大致需建劳动休息室、分级包装车间、冷库、化粪池等。建筑物的位置依地形地貌建在交通便利处，便于全园管理、操作，有条件的地方还可以建立畜牧场，增加肥源。

（4）排灌系统

排水系统一般由主渠、支渠、排水沟组成。主渠可沿沟干道、

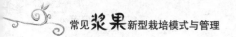

支道一侧走。5～10亩应有一支渠，支渠宽1米、深0.8米，与排水沟相通，使多雨季节能排水畅通，蓄水自如，需水时能就近取水。一般40～50亩需建一蓄水池，以利灌溉和喷药。如有条件安装喷（滴）灌设备，还要预先规划，设计好喷（滴）灌管道的走向、布局，并进行先期施工安装。

（5）防护林

园地防护林可与道路、沟渠、地块相结合，林带树种可以乔、灌木结合，形成立体结构。

3. 品种选择与授粉树配置

在明确当地气候、土壤等条件可以栽培蓝莓之后，还应注意蓝莓品种的选择。对蓝莓品种而言，最重要的就是品种的低温需求和安全越夏。在满足低温需求和安全越夏的前提下，根据蓝莓产业需求，可选择以加工型为主的品种或是以鲜食型为主的品种。

蓝莓异花授粉结实率较高，因此，要获得良好的收成，还需要合理配置授粉树。

6.2 栽植

1. 定植前准备

定植前准备工作主要包括土壤改良、种植穴或种植带的准备以及杂草防治等。

（1）土壤改良

1）土壤pH值要求

蓝莓喜欢酸性土壤，对土壤pH值极为敏感，是所有果树当中要求土壤pH值最低的一类。大多数蓝莓可以在pH 3.5～5.5的酸性沙质土壤中正常生长，但是不同的蓝莓品种对土壤pH值的要求范围不同。高丛蓝莓适宜的土壤pH值为4.0～5.2，以4.5～4.8为最好，其pH

值下限为3.8，小于3.4则对植株生长造成伤害。兔眼蓝莓适宜在pH 5.0以下的有机质丰富的土壤或矿质土中生长，pH值最好不超过5.5。

2）土壤pH值的调整方法

目前，国内外采用较多的方法就是施用硫黄来调节土壤pH值。硫黄对土壤pH值调节的主要特点是效果持久稳定。其作用机理是硫黄施入土壤后，被硫细菌氧化成硫酸酐，硫酸酐再转化成硫酸，硫酸起到了调节pH值的作用。因此，硫黄施入土壤后，需要40～80天分解才能起到调节土壤pH值的作用。

施用硫黄粉调整土壤pH值有局部施用和全面施用两种方式。局部施用就是仅在种植穴内进行土壤酸度调整，此时硫黄粉的参考用量见表6-1。全面施用就是对种植园全面改良，将硫黄粉全面均匀地撒在土壤表面，结合深翻拌入土壤表层，此时硫黄粉的参考用量见表6-2。

表6-1　调节土壤pH值至4.5的每株用硫量

单位：千克/株

土壤原始pH值	土壤类别		
	沙土	壤土	黏壤土
5.0	0.04	0.13	0.20
5.5	0.09	0.26	0.40
6.0	0.13	0.39	0.58
6.5	0.17	0.51	0.76
7.0	0.21	0.64	0.96
7.5	0.25	0.76	1.14

表6-2　调节土壤pH值至4.5的用硫量

单位：克/米^2

土壤原始pH值	土壤类别		
	沙土	壤土	黏壤土
5.0	19.69	59.62	90.00
5.5	39.38	118.12	180.00
6.0	56.92	173.25	259.87
6.5	74.25	227.25	340.87

（续表）

土壤原始pH值	土壤类别		
	沙土	壤土	黏壤土
7.0	94.50	287.44	430.87
7.5	112.50	342.00	513.00

3）增施有机质

有机质能改善土壤的理化性质和物理机械性能。土壤有机质是土壤肥力的主要物质基础之一，蓝莓在有机质含量高的土壤中生长良好。三大蓝莓栽培品种中，高丛蓝莓对土壤有机质含量的要求最高，在有机质含量达3%的土壤中才能健康生长；兔眼蓝莓的适应性相对较强，在高地或低地的黏土或沙土地上均能生长；矮丛蓝莓自然分布在有机质贫乏的高地土壤中，适应性也比较强。常用有机质包括酸性泥炭及经发酵后的作物秸秆、稻壳、麦壳、树叶、锯屑等。

（2）整地、开沟挖种植带（穴）

栽植前，按栽植密度要求，测定种植点，在种植点上挖种植穴，种植穴上口直径为50厘米，深度达40～50厘米。也可直接挖种植带，种植带宽50厘米，深40～50厘米。种植带比种植穴有利于排水。若园地坡度很小，种植带的走向可以与坡向一致，这样便于排水；如果园地坡度较大，则种植带的走向要接近等高线，外端要略高于里端。

（3）杂草防治

蓝莓对除草剂敏感，园地中的有些杂草（如水花生和多年生宿根类杂草）应在定植前除尽。还可以根据园地条件选用适合的除草剂，抑制其他杂草的生长。

2. 栽植

（1）栽植时期

蓝莓在自然休眠后至春芽萌动前均可进行种植，但以落叶后至立春前为佳。根据实践经验，"秋栽先发根，春栽先发芽，早栽几个月，生长赛一年"。秋栽，地上部分活动缓慢，根部虽有损伤，但不影响地上部分，同时经过冬季休眠，次春先发根后长叶，有利于提高成活率和枝叶生长；而春栽，越接近萌芽期，地上部分活动越快，这时根系损伤恢复缓慢，造成先发芽（枝叶）后发根，有一个缓苗阶段，生长不如秋栽的好。因此，南方秋栽比春栽好，能提高成活率；北方气候干燥，冬季寒冷，多为春栽。

（2）栽植密度与方式

栽植密度视品种、土壤质地、地势而定。通常南方比北方密，山地比平地密。一般北高丛蓝莓的行距为2.0～2.5米，如果考虑机械作业可扩大到2.5～3.0米。兔眼蓝莓的行距较北高丛蓝莓大一些，为2.5～3.0米。矮丛蓝莓和一些半高丛、南高丛蓝莓的种植行距也要保持在2.0米左右，以便于作业管理。

种植株距一般在较贫瘠的土壤上可小一些，在较肥沃的土壤上可大一些。北高丛蓝莓的株距一般为1.0～2.0米，南高丛和半高丛蓝莓的株距为1.0～1.5米，兔眼蓝莓的株距为1.5～2.5米。

每亩栽植苗木株数如表6-3所示。蓝莓的栽植密度实例见彩图6-1。

表6-3　不同栽植间距和理论上每亩栽植苗木株数

每亩苗木株数/株 行距/米 株距/米	2.0	2.5	3.0
1.0	333	267	222
1.2	278	222	185
1.5	222	178	148
2.0	167	133	111
2.5	133	107	89

（3）栽植技术

1）苗木选择

苗木的高度一般在30厘米以上，但因品种而异。判断苗木优劣的指标不仅仅是高度，还要看根系、枝条的粗壮程度。优质苗木的根系发达，营养钵苗根系基本长满钵内，而且地上枝条粗壮发达，有基生枝出现。

2）种植带（穴）填充

种植带（穴）深度达40~50厘米，定植时需视土壤状况对其进行填充。若土壤偏黏，在种植带（穴）中要掺入泥炭或腐熟的碎树皮、干草、锯屑等，上面盖厚10厘米左右的土，以避免未腐熟的植物残体与苗木根系直接接触。也可在种植带（穴）土壤的下层预施少量有机肥或无机复合肥作底肥，并将肥料与土充分混合，上面同样盖一层土。下层施肥有利于根系向纵深发展。种植带（穴）做成馒头状，待种植带（穴）馒头状变平后定植。

3）苗木定植

定植时将苗木从钵内取出，观察根系的状况。如果根系已经密集网罗于底部，则需要用刀将底部轻轻切开成"十"字形，用手把中心部的土壤取出，并将根系理顺。如果是裸根苗，则需要将根系展开后栽植。栽植苗木时，需要在事先准备好的种植带（穴）或种植床上挖深度为10~15厘米、直径为20~30厘米的小坑。在小坑内填入一些湿的或事先配制好的种植土，然后将苗栽入并将根系展开，让填进的混合草炭土等包围在苗根周围，并向上轻轻提苗一次，以便使根系与种植土壤充分结合，最后覆土至与地面相平。

3. 栽后管理

（1）覆盖

地表覆盖具有调节地温、防止地表水分蒸发、保持土壤水分、促进根系生长的作用。蓝莓定植后要在栽植穴的表面覆上稻草、腐叶土、树皮、木屑、松针等有机物，覆盖物的厚度在10厘米左右，不能少于5厘米。材料充足时覆盖的面积可以大些，材料不足则以植株基部为中心，铺80～100厘米宽的圆盘状覆盖层。若用未腐熟的材料覆盖，在施肥时要增施一定数量的氮肥，以补充微生物在分解覆盖物时从土壤中争夺的氮素。早期用黑色塑料地膜覆盖也可以起到保持土壤水分、防草、增加地温的作用，但夏季使用会令地温过高，影响生长。蓝莓地膜覆盖栽培技术实例见彩图6-2。

（2）肥水管理

蓝莓的根系是须根系，较浅，无法从深层吸收水分。因此，种植后第一次水要浇透。对于种植不久的幼树，水分管理显得更为重要。果园应始终保持最适宜的水分条件，以促进蓝莓营养生长。有条件的果园可以通过喷（滴）灌设施保持土壤湿润状态。栽后第一年要薄肥"勤"施，每次在距根20厘米处环状施入或浇施500克有机肥或50克无机复合肥；栽后第二年要"猛"施，每次施肥量是第一年的2倍，1.5～2个月施一次，主要施有机肥或硫酸钾复合肥，切忌施氯化钾复合肥。

蓝莓苗栽培实例见彩图6-3。

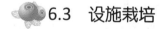

6.3 设施栽培

1.设施栽培概述

果树的设施栽培，是指利用温室、塑料大棚或其他设施，通过改变或控制果树生长发育的环境因子，对果树生长进行调控的一项新型栽培技术。通过设施栽培，可以在可控条件下改变影响果树生长发育的环境因子，为市场提供新鲜、优质、反季节、超时令、无公害的果品。与传统栽培相比，设施栽培具有产量高、品质优、淡季供应、产品价格高等优点。设施栽培作为果树栽培的新形式，以现代高新技术为依托，达到了对果树栽培的集约化管理，是实现果树栽培由传统栽培向现代化栽培的重要转折，也是实现果树高产、优质、高效栽培的有效途径。

2. 蓝莓设施栽培技术

（1）品种选择

蓝莓的设施栽培以能在反季节获得果实为目的。为提高蓝莓果品的产量和品质，在设施栽培中首先要对蓝莓品种进行选择。选择时应综合考虑蓝莓的环境适应性，冷温需要量，果实产量、品质、风味、发育期、耐贮性等。高丛蓝莓是适宜进行设施栽培的蓝莓品种。其中，都克、蓝丰、伯克利等北高丛蓝莓品种已在我国北方地区成功进行设施栽培；夏普蓝、奥尼尔等南高丛蓝莓品种也是适宜进行设施栽培的优良品种。

（2）土壤改良

蓝莓不耐涝，适宜在排水和通气良好、有机质含量高的酸性土壤上生长。为防止涝害，其栽培地应设有良好的排水系统；为增加土壤通气性，若土壤黏度较高，可掺入河沙；为降低土壤酸碱度，可用硫黄粉和硫酸亚铁调节土壤pH；为提高有机质含量，可在土壤中掺入腐熟的牛粪及草炭土。

（3）苗木选择及定植

为提高蓝莓设施栽培的生产效率，尽快获得蓝莓果品，设施栽培时应选择3～4年生、健壮、分枝多的蓝莓大苗栽植，栽植密度以株行距1米×2米为宜。

（4）扣棚

蓝莓正常开花结果需要一定的冷温需要量。由于各品种对冷温需要量的要求不同，不同地区进行蓝莓设施栽培时应根据栽培品种的冷温需要量选择适宜的扣棚时间。以0～7.2℃计，蓝丰、都克等北高丛蓝莓品种的冷温需要量为800～1000小时，我国东北地区12月中下旬可达到此冷温需要量，此时可以扣棚升温；山东地区栽植时则需要1月上旬扣棚。在南高丛蓝莓品种中，夏普蓝的冷温需要量为150～300小时，可在12月初扣棚升温；奥尼尔冷温需要量为400～500小时，可在12月上旬扣棚。因各年度气温有一定的变化，应及时记录温度，计算低温积累时长，对扣棚时间做适当调整。

3.蓝莓设施栽培后的管理

蓝莓栽培扣棚后应对温、湿度进行调控。为使蓝莓适应新环境，从扣棚开始至萌芽前应使温度缓慢升高，相对湿度控制在80%左右。在蓝莓的花期，设施内应保持适温、低湿，白天温度控制在20～24℃，夜间温度12～15℃，空气相对湿度50%～60%；在果实膨大期，应将温度控制在白天23～25℃，夜间不低于12℃，空气相对湿度60%左右。

设施栽培的蓝莓处于一个相对密闭的空间，为确保蓝莓产量，需进行辅助授粉。辅助授粉以虫媒授粉为主，一般选择用蜜蜂进行辅助授粉，常用的为熊蜂。

此外，蓝莓设施栽培后，应进行适当的修剪、水肥控制、病虫害防治等管理，管理方式与传统栽培较为一致（在本书的第7章和第8章进行介绍，此处不再赘述）。

据统计，截至2015年，我国蓝莓的栽培面积为31210万平方米，总产量达到43244吨，其中蓝莓设施栽培面积为560万平方米，产量为1470吨。可见，蓝莓设施栽培在我国已初具规模。在未来，随着人民对蓝莓果品淡季供应需求的增加和设施栽培技术的进步，蓝莓设施栽培将在我国展现更广阔的发展前景。

第7章　蓝莓的抚育管理

7.1　修剪

　　蓝莓修剪的目的是调节生殖生长与营养生长的矛盾，解决通风透光问题。修剪要掌握的总原则是达到最好的产量，防止过量结果。蓝莓修剪后往往产量降低，但单果重、果实品质增加，成熟期提早，商品价值增加。修剪时应防止修剪过重，以保证一定的产量。修剪程度应以果实的用途来确定。如果加工用，果实大小均可，修剪宜轻，以提高产量；如果是市场鲜销生食，修剪宜重，以提高商品价值。蓝莓修剪的主要方法有平茬、疏剪、剪花芽、疏花、疏果等，不同的修剪方法效果不同。

1. 高丛蓝莓的修剪

（1）幼树修剪

　　以去花芽为主，目的是扩大树冠，增加枝量，促进根系发育。定植后第二、三年春疏除弱小枝条，第三、四年仍以扩大树冠为主，但可适量结果。一般第三年株产应控制在1千克以下，以壮枝结果为主。

（2）成年树修剪

　　高丛蓝莓进入成年以后，内膛易郁闭，树冠比较高大。此时修剪主要是为了控制树高、改善光照条件，修剪以疏枝为主，疏除过密枝、细弱枝、病虫枝，以及根系产生的分蘖。生长势较开张树疏枝时去弱枝、留强枝，直立品种去中心干、开天窗，并留中庸枝。大枝最佳的结果年龄为5～6年，超过时要回缩更新。弱小枝可采用抹花芽方法修剪，使其转壮。成年树花芽量大，常采用剪花芽的方法去掉一部分花芽，一般每条壮枝剪留2～3枚花芽。

（3）老树更新

定植25年左右时，蓝莓的树体地上部分已衰老，此时需要全树更新，即紧贴地面将地上部分全部锯除，一般不留桩，若留桩，最高不超过2.5厘米。这样，由基部重新萌发新枝。全树更新后当年不结果，第三年产量可比未更新树提高5倍。

2. 矮丛蓝莓的修剪

矮丛蓝莓修剪的原则是维持壮树、壮枝结果。修剪方法主要有烧剪和平茬两种。

（1）烧剪

即在休眠期将地上部分全部烧掉，重新萌发新枝，当年形成花芽，第二年开花结果。以后每两年烧剪一次，始终维持壮枝结果。烧剪后当年没有产量，第二年产量比未烧剪的产量提高一倍，果子个头大、品质好。烧剪后有利于机械化采收，能消灭杂草，防止病虫害等。烧剪要在萌芽以前的早春进行。烧剪时，田间可撒播树叶、稻草助燃。烧剪时要特别注意防止火灾，在林区种植的蓝莓不宜采用此法。

（2）平茬

于早春萌芽前，从植株基部将地上部分平茬。锯下的枝条保留在果园内，可起到覆盖土壤、提高有机质含量、改善土壤结构的作用，有利于根系和根状茎生长。

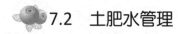

7.2 土肥水管理

1. 土壤管理

蓝莓根系分布较浅，纤细，没有根毛，因此要求土壤疏松、通气良好。

（1）清耕

在沙土上栽培高丛蓝莓采用清耕法进行土壤管理。清耕可有效控制杂草与树体之间的竞争，促进树体发育，尤其是在幼树期，清耕尤为必要。清耕的深度以5～10厘米为宜，不宜过深，否则不利于根系发育。因此，用于蓝莓耕作的工具高度一般不超过15厘米。

（2）台田

在地势低洼、积水、排水不良的土壤（如草甸、沼泽地、水湿地）上栽培蓝莓时需要进行台田。台田后，台面通气状况改善，台沟积水。这样既可以保证土壤水分供应，又可避免因积水造成树体发育不良。但是台田之后，台面耕作、除草不适宜机械操作，需人工完成。

（3）生草栽培

生草栽培的土壤管理在蓝莓栽培中也有应用，主要是行间生草，而行内用除草剂控制杂草。生草法管理可获得与清耕法一样的产量效果。与清耕法相比，生草法具有保持土壤湿度的优点，适用于干旱土壤和黏重土壤。其另一个优点是便于果园工作和机械行走。其缺点是对防治蓝莓僵果病不利。

（4）土壤覆盖

蓝莓生长要求酸性土壤和较低地势。因此，当土壤干旱、pH值高、有机质含量不足时，就必须采取措施调节上层土壤的水分、pH值等。除了在土壤中掺入有机质外，生产上广泛应用的是土壤覆盖技术。土壤覆盖的主要功能是增加土壤有机质含量，改善土壤结构，调节土壤温度，保持土壤湿度，降低土壤pH值，控制杂草等。应用较多的土壤覆盖物是锯末，尤以容易腐解的软木锯末为佳。在苗木定植后即可覆盖锯末。将锯末均匀覆盖在床面，宽1米，厚10～15厘米，以后每年再往上覆盖2.5厘米厚，以保持原有厚度。土壤覆盖锯末后，蓝莓根系在腐解的锯末层中发育良好，向外扩展，扩大养分与水分吸收面积，从而促进蓝莓生长，提高产量。树皮或烂树皮作土壤覆盖物可获得与锯末同样的效果；其他有机质（如稻草、树叶）也可作土壤覆盖物，但效果不如锯末。种植矮丛蓝莓的土壤上覆盖5～10厘米厚的锯末或松针，在3年内产量可提高30%，单果重增加50%。

2. 施肥

（1）营养特点

蓝莓属典型的嫌钙植物，它对钙有迅速吸收与积累的能力。当在钙质土壤栽培时，由于钙吸收多，往往导致缺铁失绿症。蓝莓属喜铵态氮果树，它对土壤中铵态氮比硝态氮有更强的吸收能力。

从整个树体营养水平分析，蓝莓属于寡营养植物，与其他种类果树相比，树体内氮、磷、钾、钙、镁含量很低。因此，过多施肥往往导致肥料过量而引起树体伤害。

（2）土壤施肥反应

1）氮肥

蓝莓对施氮肥的反应因土壤类型及土壤肥力而异。当土壤肥力较高时，施氮肥对蓝莓增产无效，甚至有害。在以下几种情况下，蓝莓需要增施氮肥：①在土壤肥力差、有机质含量较低的沙土和矿质土上栽培蓝莓。②栽培蓝莓多年，土壤肥力下降。③土壤pH值较高（＞5.5）。

2）磷肥

水湿地的土壤往往缺磷，增施磷肥可以促进蓝莓树体生长，明显增加产量。但当土壤中磷含量较高时，增施磷肥不仅不能提高产量，还延迟果实成熟。一般当土壤中速效磷含量小于0.6克/米²时，就需增施磷肥（P_2O_5）1.5～4.5克/米²。

3）钾肥

钾肥对蓝莓增产效果显著，增施钾肥不仅可以提高蓝莓产量，而且能令其提早成熟，提高品质，增强抗寒性。但钾肥过量对产量的增加没有作用，而且使果实变小，越冬受害严重，导致缺镁症等情况发生。适宜的钾施用量为（K_2O）4克/米²。

（3）施肥的种类、方式、时间及施用量

1）种类

蓝莓施肥中，施用完全肥料比单纯肥料效果要好得多。蓝莓施肥中应以施用完全肥料为主。蓝莓对铵态氮容易吸收，而硝态氮不仅不易吸收，还会对蓝莓生长产生不良影响。对于蓝莓来说，最为推荐的铵态氮肥是$(NH_4)_2SO_4$，它具有降低土壤pH值的作用，在pH值较高的矿质土壤和钙质土壤上尤为适用。

2）方式与时间

蓝莓施肥以撒施为主。高丛蓝莓和兔眼蓝莓可采用沟施，但深度要适宜，一般深10～15厘米。土壤施肥一般是在早春萌芽前进行。分两次以上施入比一次施入增加产量和单果重的效果明显，值得推荐。施肥一般分两次，萌芽前施入总量的1/2，萌芽后再施入1/2，两次间隔4～6周。

3）施用量

蓝莓对施肥反应敏感，过量施肥容易造成产量降低，生长受抑制，植株受害甚至死亡。因此，对于施肥量必须慎重，不能凭经验确定，要视土壤肥力及树体营养状况来确定。

3. 水分管理

蓝莓抗旱、喜水、怕涝，但由于根系较浅，过度干旱会影响其生长，因此，充足的水分对蓝莓是非常重要的。但水分过多会造成蓝莓根系腐烂。在天气晴朗的夏季可每隔1～2天灌溉1次。

（1）土壤水分含量

适当的土壤水分是蓝莓生长所必需的，水分不足将严重影响树体生长发育和产量。从萌芽至落叶，蓝莓所需的水分相当于每周降水量平均为25毫米，从座果到果实采收期间为40毫米。沙土的湿度小、持水力低，需配制灌水设施以满足蓝莓水分需要。

（2）灌水时间

灌水必须在植株出现萎蔫以前进行。灌水频率应视土壤类型而定。沙土持水力弱，容易干旱，需经常检查并灌水；有机质含量高的土壤持水力强，灌水可适当减少，但在这类土壤上，黑色的腐殖土有时看起来似乎是湿润的，但实际上已经干旱，易引起判断失误，需要特别注意。比较准确地判断需灌水与否的方法是通过测定土壤含水量、土壤湿度，或者土壤电导率、电阻进行。

（3）地下水位

蓝莓主产区及野生分布区主要位于具有地下栖留水的有机质沙土区。要达到既能在雨季排水良好，又能满足上层土壤湿度的要求，土壤的栖留水水位应为45～60厘米。在蓝莓果园中心地带应设置一个永久性的观测井，用以监视土壤水位。

（4）喷灌系统

固定或移动的喷灌系统是蓝莓灌水常用的方法。喷灌的特点是可以防止或减轻霜害。在新建蓝莓园中，新植苗木尚未发育，根系吸收能力差，最适宜采用喷灌方法。在美国蓝莓大面积产区，常采用高压喷枪进行喷灌。

（5）滴灌和微喷灌系统

近年来，滴灌和微喷灌的应用越来越多。这两种灌水方式所需投资费用中等，但供水时间长，水分利用率高，供应的水分直接供

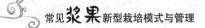

给每一树体，水分流失少，蒸发少，供水均匀一致，而且一经开通可在生长季长期供应。滴灌和微喷灌所需的机械动力小，适宜小面积栽培或庭院栽培使用。与其他方法相比，滴灌和微喷灌能更好地保持土壤湿度，可明显增加蓝莓的产量及单果重。利用滴灌和微喷灌时需注意两个问题：一是滴头或喷头应在树体两边都有，确保整个根系都能获得水分；二是水分需净化处理，避免堵塞。

（6）水源和水质

比较理想的水源是地表池塘水和水库水。深井水往往pH值高，而且钠离子及钙离子含量高，长期使用会影响蓝莓的生长和产量。在我国长白山区栽培蓝莓时，由于当地年降水量大而且分布较均匀，自然降水基本上能够满足蓝莓生长结果的要求，但有条件时也应尽可能配制灌水设施。

7.3 遮阴

蓝莓的光饱和点较低，强光对蓝莓生长和结果有抑制作用。在我国北方地区，每年春夏季节的晴天，由于光照强烈，蓝莓叶片易枯萎，甚至焦枯。因此，在地势开阔、光照较强的地区，采用遮阴的方式栽培值得推荐。拉遮阳网是近几年来智利广泛推广的一项实用技术。遮阳网一般设在树行的正上方或行间的正上方（使树体接受更多的光照），具有延迟成熟、分散成熟、增强树体生长势、防霜等功能。

7.4 防鸟

蓝莓果实长成后，鸟类经常偷食，给蓝莓生产造成了很大的损失。为了防止鸟类破坏，蓝莓生产中经常遮盖防鸟网（见彩图7-1）。

7.5 越冬防寒

　　尽管矮丛蓝莓和半高丛蓝莓抗寒性较强，但受不同程度低温的影响仍有冻害发生，其中最主要的两个冻害是越冬抽条和花芽冻害。因此，在寒冷地区，蓝莓栽培的越冬保护也是提高产量的重要措施。在北方寒冷地区，冬季雪大而厚，可以利用这一天然优势，通过人工堆雪来确保树体安全越冬。与其他方法（如盖树叶、稻草）相比，人工堆雪具有取材方便、省工省时、费用少等特点，而且堆雪后可以保持树体水分，明显提高产量。南高丛蓝莓在江浙地区的越冬情况见彩图7-2。

第8章　蓝莓的病虫害及其防治

病虫害防治是蓝莓栽培管理中的重要环节。病虫害主要危害蓝莓的叶片、茎干、根系及花果，造成树体生长发育受阻、产量降低、果实品质降低甚至失去商品价值。

8.1　虫害

蓝莓生长在酸性土壤中，叶片偏酸性，大多数虫子不喜欢取食，所以虫害发生较轻，但仍需定期调查虫害发生情况。据调查，危害蓝莓的害虫达9目57属292种。危害比较普遍和严重的主要有蔓越橘根蛆虫、蓝莓茎干螟虫、蓝莓花象甲、蓝莓茎虫瘿和蓝莓蛆虫等。防治原则主要有依靠蓝莓自身的抗性，建立良好的田间管理，培育健壮植株以及利用天敌等。现就蓝莓种植中常见的几种虫害做一介绍。

1. 花芽虫害

（1）蚜虫

以成蚜和若蚜刺吸蓝莓汁液造成危害，主要发生在嫩叶、嫩芽及花蕾上，被害部位失绿、变色、皱缩，严重时致枝叶干枯。

生物防治：利用天敌控制蚜虫的发生。天敌有瓢虫、蜘蛛、草蛉、寄生蜂等。

化学防治：当蚜虫大面积发生时，可用植物农药（如苦参碱等）进行防治。果实采收后喷施0.62千克/1200升马拉硫磷水溶液，6～8周后再喷施1次；或在果实采收后施用马拉硫磷油溶剂。

（2）切根毛虫和尺蠖

切根毛虫和尺蠖主要危害蓝莓的花芽，主要症状是在花芽上形成蛀虫孔，引起花芽变红或死亡。

化学防治：一般这两种虫害危害较轻，不至于造成产量损失，在开花前施用1605即能有效控制。

（3）蔓越橘象甲

蔓越橘象甲主要造成花芽不能开放，叶芽出现非正常的簇叶。

生物防治：可利用蚂蚁来控制该虫害的发生率。

化学防治：主要是在叶芽放绿和花芽露白时喷施桂森。

2. 果实虫害

（1）蛆虫

1）蓝莓蛆虫

是危害北方蓝莓果实最普遍的害虫。成虫在成熟果实皮下产卵，使果实变软疏松，失去商品价值。危害时间较长，需要经常喷施杀虫剂。

化学防治：叶面或土壤喷施亚胺硫磷、马拉硫磷和桂森对蓝莓蛆虫的控制效果较佳。

2）蔓越橘果蛆虫

在绿色果实的花萼端产卵，幼虫从果柄与果实相连处钻入果实并封闭入口，直到果肉食用完毕，然后钻入另一枚果实继续为害。1只幼虫可危害3～6枚果实。被危害的果实在幼虫入口处充满虫粪，被危害和未被危害的果实往往被丝状物网在一起。

生物防治：小黄蜂的产卵、幼虫及蛹阶段均在蔓越橘果蛆虫和樱桃果蛆虫的卵上寄生发育，估计大约有50%的虫卵可被小黄蜂产卵寄生而致死。一些寄生性的真菌主要寄生在蔓越橘果蛆虫和樱桃果蛆虫的休眠幼虫上，这种寄生真菌对两种蛆虫的防治率可高达48%。

化学防治：硫磷、桂森和亚胺硫磷对防治蔓越橘果蛆虫效果较好。

3）樱桃果蛆虫

幼虫在果实花萼里出生并啃食果实，直到幼虫成熟一半，然后转移至邻近的果实上继续为害。转移过程中幼虫不暴露，最终使两个受害果实粘在一起。

生物防治：参见"蔓越橘果蛆虫"条。

化学防治：喷施对硫磷、亚胺硫磷可有效防治这一虫害。

（2）李象虫

李象虫是危害蓝莓果实的另一种重要害虫，成虫体长约4毫米。李象虫在绿色果实的表面蛀成一个月牙状的凹陷并产一枚卵。1只成虫可产114枚卵。幼虫钻入果实并啃食果肉，引起果实早熟并脱落。判别李象虫发生的主要特征是，果实表面有月牙状的凹陷痕和果实成熟之前地表面有萎蔫脱落的果实。

化学防治：在授粉之后，当果实发育到直径约为4毫米时，施用对硫磷。

3. 叶片虫害

（1）叶蝉

叶蝉对蓝莓叶片的直接危害较轻，但其携带并传播的病菌可造成蓝莓严重生长不良。

物理防治：利用叶蝉成虫的趋光性，用黑灯光诱杀。

化学防治：喷施控制蓝莓果蛆虫的药剂也可控制叶蝉，但需要第二次喷施才能控制第二代和第三代叶蝉幼虫的发生。

（2）叶螟和卷叶螟

二者对蓝莓生产造成的经济损失较小，危害症状主要是幼虫吐丝把叶片从边缘两侧向中央卷起，隐藏其内取食叶肉，残留白色网脉，造成植株枯死。

生物防治：人工释放赤眼蜂。在卷叶螟产卵始盛期至高峰期，分期分批放蜂，每次放3万～4万头，隔3天1次，连续放蜂3次。

化学防治：喷施防治果实虫害的药剂可同时有效防治叶螟和卷叶螟。

4. 茎干虫害

（1）介壳虫

介壳虫是危害蓝莓茎干的主要害虫，可引起树势衰弱、产量降低、寿命缩短。如果修剪不及时，往往侵害严重。

生物防治：瓢虫是介壳虫的主要捕食性天敌，通过提供庇护场所或人工助迁，释放澳洲瓢虫、大红瓢虫和黑缘红瓢虫等，可有效防治介壳虫的危害。

化学防治：在芽萌发前喷施3%的马拉硫磷油溶剂。

（2）茎尖螟虫

茎尖螟虫在枝条茎尖产卵，幼虫啃食茎尖组织造成生长点死亡。

化学防治：喷施防治危害果实虫害的药剂可有效控制茎尖螟虫的成虫。常用药剂和亩用量一般为50%杀螟松乳油50～100毫升，25%杀虫双水剂200～250毫升，90%晶体敌百虫、90%乙酰甲胺磷可溶性原粉各75克，25%亚胺硫磷乳油200毫升，20%三唑磷乳油100毫升。

8.2 病害

危害蓝莓的病原体有真菌、细菌和病毒，共有几十种病害。这里只介绍生产中危害较普遍的几种。

1. 真菌性病害

（1）僵果病

僵果病是蓝莓生产中发生最普遍、危害最严重的病害之一。它是由 *Monilina vaccinii-corybosi* 真菌引起的。在危害初期，可引起细胞破裂死亡，从而造成新叶、芽、茎干、花序等突然萎蔫、变褐，最终使受侵害的果实萎蔫、失水、变干、脱落、呈僵尸状。入冬前，清除果园内落叶、落果，将其烧毁或埋入地下，可有效减少翌年僵果病的发生。春季开花前浅耕和土壤施用尿素也有助于减轻病害的发生。

化学防治：在不同的发生阶段使用不同的药剂。早春喷施50%的尿素可以控制僵果病的最初阶段，开花前喷施20%的嗪氨灵可以控制第一次和第二次侵染，其有效率可达90%以上。嗪氨灵是现在防治蓝莓僵果病最有效的杀菌剂之一。

（2）茎溃疡病

茎溃疡病是美国东北部蓝莓生产中一个危害比较严重的病害。它是由 *Phomopsis vaccinii* 真菌引起的。茎溃疡病危害最明显的症状是"萎垂化"，茎干在夏季萎蔫甚至死亡。严重时，一株植株上多条茎干受害。

物理防治：在休眠期修剪时，剪除并烧毁萎蔫和失色枝条。在夏季，将发病枝条剪至正常部位。在园地选择上，尽可能避免早春晚霜危害地区。采用除草、灌水和施肥等措施促进枝条尽快成熟。

化学防治：喷施防治僵果病的药剂同样可以减轻茎溃疡病的危害。

2. 病毒性病害

病毒性病害一般靠昆虫传播，应以预防为主。一旦发病，应尽快清除病株，同时喷施杀虫剂。

（1）蓝莓枯焦病毒病

受害植株最初表现病状主要是在早春花期，花萎蔫并少量死亡，接近花序的叶片少量死亡，老枝上的叶片叶缘失绿，这种病状每年发生。一些抗病性稍强的品种只表现出叶片失绿症状。受侵害萎蔫的花朵往往不能发育成果实，从而降低产量。

防治这一病害的最佳方法是定植无病毒苗木，一旦发现植株受害，应该马上清除烧毁，并在3年内严格控制蚜虫，防止未来发病。

（2）蓝莓鞋带病毒病

蓝莓鞋带病毒病是蓝莓生产中发生最普遍、危害最严重的病害之一。该病最显著的症状是当年生枝和1年生枝的顶端长有狭长、红色的带状条痕，尤其是向光一面表现严重。在花期，受害植株花瓣呈紫红色或红色，大多数受害叶片呈带状，少数叶片沿叶脉或中脉呈红色带状。蓝莓鞋带病的传播是从植株到植株，主要靠蓝莓蚜虫传播。

防治这一病害最重要的措施是杜绝病株繁殖苗木。在田间，当发现受害植株后，用杀虫剂严格控制蓝莓蚜虫。利用机械采收时，应对机械器具喷施杀虫剂，以防其携带病毒蚜虫向外传播。

（3）蓝莓叶片斑点病

到目前为止，此病害发生区域较少，但一旦发病则危害严重。从发病开始，几年内茎干逐渐死亡。该病主要由蜜蜂和大黄蜂的授粉活动传播。

蓝莓叶片斑点病的潜伏期为4年，因此，早期诊断显得非常重要，利用ELISA酶联免疫技术比较容易进行早期诊断。防治此病的最佳方式是清除病株。另外，在生产中控制放蜂也可有效控制此病

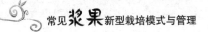

的传播。

（4）花叶病

该病的主要症状是叶片变黄绿、黄色，并出现斑点或环状枯焦，有时呈紫色病斑。症状的分布在株丛上呈斑状。不同年份症状表现也不同，如在某一年症状严重，下一年则无症状。

花叶病主要靠蓝莓蚜虫和带病毒苗木传播，因此，施用杀虫剂控制蚜虫和培育无病毒苗木可有效地控制该病的发生。

（5）红色轮状斑点病

该病的发生可引起至少25%的产量损失。植株感病时，1年生枝条的叶片往往表现为有中间呈绿色的轮状红色斑点，斑点的直径为0.5～1毫米。到夏秋季节，老叶片的上半部分亦呈现此症状。

该病毒主要靠粉蚧和带病毒苗木传播。防治的主要方式是采用无病毒苗木。

第9章　蓝莓的采收及贮藏

蓝莓果实的好坏，除受采前因素，如品种特性、栽培环境和栽培措施等的影响外，也受采收和采后处理，如选果、洗果、包装、贮藏和运输等条件的影响。

9.1　采收

1. 果实的采收

（1）果实成熟的标志

果实成熟最显著的特征是小浆果着色。果表面由最初的青绿色逐渐变为红色，再转变成蓝紫色，最后为紫黑色。果实变色一般是从受光面开始，逐渐发展到背光面，直至整个果实变成深紫色。果实一般在转变成蓝紫色后3～6天可达到完全成熟。很多品种的果实在完全成熟后，表面会有一层白粉。蓝莓成熟果实的基本形态见彩图9-1。在果实成熟过程中，其内含物发生快速转化。果实进入着色期后（蓝紫色），花青素（主要存在于果皮中）、糖、维生素C的含量增加，到果实完全成熟时达到峰值，同时散发出特有的香味。这些成分随着时间的延长（熟后）逐渐下降。

（2）采收

不同蓝莓品种间果熟期差异较大，长的可达60天，而短的仅为20多天。兔眼蓝莓一般在开花后70天开始成熟，整个果熟期一般需要40~45天。果实的采收成熟度由用途、运输及其他因素而定。供鲜食、运输距离短且保藏条件好的，宜在果实基本完全成熟（成熟度应在九成以上）时采收；如运输距离远，又没有冷藏条件，果实成熟度在八成左右即可采收；果实供加工饮料、果酱、果酒、果冻等，要求在充分成熟后采收，这样果实含糖量高，香味浓，果汁多，容易加工；供制作罐头产品时，则要求果实大小基本一致，于八成熟时采收；若作为贮藏用，则要在果实充分成熟前的2~3天采收。

由于蓝莓花序中开花次序有先有后，供给各部分果实的养分也不尽相同，果实的成熟期不一致，因此，采收需分次进行。果实在一枚果穗上成熟的次序没有规律，相对来说，成熟晚的果穗上的果实成熟期相对集中。盛果期2~3天采收1次，初果期和末果期一般4~6天采收1次，整个成熟期需采收8~10次。

矮丛蓝莓先成熟的果实可以一直挂在树上不落果，所以可以集中采收。蓝莓采收后的状态见彩图9-2。

2. 果实采收后的分级处理

果实采收后，经过初级机械分级后仍含有石块，叶片以及未成熟、挤伤、压伤的果实，需要进一步分级。果实采收后根据其成熟度、大小等进行分级。高丛蓝莓的分级标准是浆果pH 3.25~4.25，可溶性糖含量小于10%，总酸含量为0.3%~1.3%，糖酸比为10~33，硬度为足以抵抗170~180转/秒的振动，果实直径大于1厘米，颜色达到固有蓝色（果实中色素含量大于0.5%时为过分成熟）。

实际操作中，主要依据果实硬度、密度及折光度进行分级。根据密度分级是最常用的方法。一种方式是气流分级。蓝莓果实通过气流时，小枝、叶片、灰尘等密度小的物体被吹走，而成熟果实及密度较大的物体留下来进行再分级，进一步的分级一般由人工完成。

另一种方式是水流分级。水流分级效果较好，缺点是果粉损失，影响外观品质。蓝莓采收后分级处理见彩图9-3。

3. 果实采收后的预冷处理

田间采回的鲜果要进行预冷处理，以降低果实的代谢活动，保持新鲜。果实采回后，及时冷却到10℃可以大大减少采后损耗，提高贮藏及货架寿命；若采后立即降温到2℃，损失还可以减少。常用的预冷方法有真空冷却、水冷却以及通风冷却等。真空冷却是在真空状态下蒸发水分带走潜热，可以在20～30分钟内使果品温度从25℃降至3～5℃。此法的效果最好，但设备要求高。水冷却的速度也较快，但冷却后浆果表面的水分不易沥干，对贮藏影响较大。通风冷却也要采用专门的快速冷却装置，通过空气高速循环，使产品温度快速冷却下来。对于蓝莓，一般在1～2小时内就可降低到1～2℃。

4. 果实包装与运输

适当的包装和运输是蓝莓生产中保证质量的重要环节。采收蓝莓时所用的容器包括浅的透气筐篓、纸箱、果盘等。鲜销鲜食的果实，宜选用有透气孔的聚苯乙烯盒。盒子的大小可以有多个规格，大的每盒装果1000克，小的100克左右（见彩图9-4）。这些盒子可以放在浅的周转箱中运往各销售点出售，也可按一定规格做成纸箱（纸箱的高度最好不要超过20厘米，以两层为度）。将装好盒的鲜果一层层（一般为两层）摆好运往各销售点。加工用的果实，可以用大的透气塑料筐或浅的周转箱、果盆等直接包装，再运输至加工厂。从采收地到加工厂或销售点，最好不倒箱，以减少破损。鲜食用蓝莓最好直接采放在出售容器中，当天运走。

有条件的应采用冷藏车运输；如无冷藏车，则要防止日晒，应在清晨或夜间气温较低时运输。在行车过程中应尽量减少颠簸：在较好的公路上行车，车速控制在40千米/小时；在砂石路或农村土

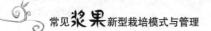

路上，因路面多坑洼不平，时速应降至5～10千米/小时。长距离运输果实，最好用冷藏车。同时，采收的果实成熟度不能高，要考虑早收，以减少运输损失。

5. 果品的耐贮性

一般来说，糖酸比低、坚实、蒂痕小而干、果皮厚的品种耐贮性好。兔眼蓝莓的果蒂痕比高丛蓝莓小而干，相对较耐贮运。在兔眼蓝莓中，芭尔德温、波尼塔、灿烂、布蓝、精华、巨丰等品种的耐贮性比梯芙蓝、杰兔、比基蓝好。南高丛蓝莓中夏普蓝采后易变软，耐贮性较差，只适合当地供应和果园自采。

9.2 保鲜贮藏

多数品种的果实成熟期在盛夏，鲜果含糖量高，较柔软，耐贮性差，一般采收后应及时上市销售或运往加工厂加工。在常温条件下，蓝莓的存放保质期只有3～5天。为了延长贮藏期和供应时间，需要采用冷藏法贮藏，根据需要可以分为低温贮藏法、气调贮藏法和速冻贮藏法。

1. 低温贮藏法

低温贮藏一般有冷冻贮藏和冷藏贮藏两种方法。蓝莓鲜果用冷藏方法，而加工用果可采用冷冻方法。

（1）蓝莓的冷藏贮藏

刚采收的蓝莓大量进入冷库低温贮藏前，要进行适当的预冷，使果实温度降低。在低温保存过程中要控制湿度，湿度高可以抑制水分的散失，有利于保持蓝莓的品质。蓝莓低温贮藏期间相对湿度应以保持在95%为宜。实验表明，蓝莓鲜果在温度1～2℃和相对湿度95%的条件下，贮藏30天仍能保持较高的新鲜度。

（2）蓝莓的冷冻贮藏

加工用的蓝莓因采收集中，短时间内不能及时加工成产品，或者需要长时间贮藏起来，然后根据市场、客户的需要再决定加工成什么样的商品，或者需要远距离运输（如出口），一般的冷藏不能保证产品品质，因此需要冷冻贮藏。冷冻贮藏蓝莓解冻后不适宜再清选、去杂，因此，采收后必须做好蓝莓的清选、漂洗工作。冷冻贮藏时间为6～18个月，贮藏温度应在-18℃以下。

2. 气调贮藏法

（1）气调贮藏类型

气调贮藏可分为薄膜封闭气调法（MA）、气调冷藏库贮藏和减压贮藏法。

薄膜封闭气调法具有灵活、方便、成本低等优点。大批量的蓝莓长期贮藏宜用气调冷藏库。减压贮藏也称低压贮藏或真空贮藏，是气调贮藏的发展。减压贮藏是将果品保藏在低压（或低于大气压）、低温的环境下，并不断补给饱和湿度空气，以延长蓝莓保藏期限的一种气调保藏法。减压贮藏可使蓝莓的保藏期比常规冷藏延长几倍。

（2）气调贮藏的条件要求

刚采收的果实应立即做好预冷、清选、漂洗、风干和包装工作，然后根据需要，按要求包装起来进行贮藏。蓝莓为非呼吸跃变型果品，能耐高浓度二氧化碳。目前，国外推荐气调贮藏温度为1～2℃，二氧化碳浓度为10%～15%，氧浓度不低于3%，相对湿度为95%。蓝莓呼吸作用强度较大，薄膜封闭气调法应选用透气性好的薄膜。国外一般用0.10～0.15毫米厚的聚乙烯膜包装。

3. 速冻贮藏法

速冻贮藏就是利用-40～-35℃或-60℃的低温，使浆果在

12～15分钟内迅速冻结，从而达到冷藏保鲜的目的。速冻贮藏可以很好地保持浆果原有的色、香、味和组织结构。国际市场对速冻贮藏浆果的需求日益增加，贮藏温度一般为-18℃，贮藏6个月以上需要-34℃。

蓝莓果速冻后，可以长时间保持原有的风味和品质，既有利于长期贮藏，又有利于远运外销，提高经济效益。最近几年，蓝莓及其加工产品风靡欧美，需求量极大，尤以单粒果实速冻贮藏最为流行。这种冷冻贮藏法有成套流水线操作，要求果实在短时间内中心温度降低到-20℃，以保证果实质量。

我国从1989年开始采集东北野生蓝莓，生产速冻果，当年出口5吨。由于无流化床和-40～-35℃速冻条件，有的生产厂商采取了简易速冻法，其工序如下：将果实清理后，在-20～-15℃冷库中将果实平铺于地面的塑料薄膜上，厚度为5～10厘米。4小时后，果实外层开始冻结时翻动1次，可避免结块。约24小时可完成冻结过程。若搭架铺板摊果，则一批可处理较多果实，但冻结过程要延长4小时以上。如能装大功率风扇吹风，冻结速度可以加快，还可以提高速冻果的质量。大面积种植蓝莓，通过单果速冻出口至欧美、日本以及东南亚等地，将是近几年我国蓝莓产品销售的重要途径之一。

随着人们生活质量的提高，果蔬的保鲜越来越受重视。近年来，果蔬保鲜技术的研究日益增多，特别是辐照技术、高压电场技术、电子冷藏技术等新型、便捷的技术也逐渐开始被应用在果蔬保鲜领域，且较其他保鲜技术有其独到之处。

第10章　蓝莓的加工利用

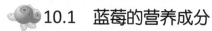 **10.1　蓝莓的营养成分**

蓝莓果味鲜美，营养丰富。经国家标准物质检测中心检测，蓝莓浆果中含有18种氨基酸（其中包括人体必需氨基酸8种），而且比例适当。此外，蓝莓中还含有蛋白质、脂肪、碳水化合物、膳食纤维、果糖、维生素等营养物质和多种矿物质，尤其是花青素等成分的含量很高。蓝莓属高氨基酸、高锌、高铁、高维生素水果，营养价值远高于苹果、葡萄、橘子等，被称为"世界水果之王"。

参照美国农业部营养数据库中的资料，每100克蓝莓鲜果所含营养成分检测数据见表10-1。

表10-1　每100克蓝莓鲜果所含营养成分检测数据

	指标	含量	指标	含量
常规	热量	240千焦	脂肪	0.330克
	水	84.21克	饱和脂肪	0.028克
	碳水化合物	14.49克	单不饱和脂肪	0.047克
	糖	9.96克	多不饱和脂肪	0.146克
	膳食纤维	2.40克	蛋白质	0.740克
氨基酸	酪氨酸	0.009克	缬氨酸	0.031克
	色氨酸	0.003克	精氨酸	0.037克
	苏氨酸	0.020克	组氨酸	0.011克

（续表）

指标		含量	指标	含量
氨基酸	异亮氨酸	0.023克	丙氨酸	0.031克
	亮氨酸	0.044克	天冬氨酸	0.057克
	赖氨酸	0.013克	谷氨酸	0.091克
	蛋氨酸	0.012克	甘氨酸	0.031克
	胱氨酸	0.008克	脯氨酸	0.028克
	苯丙氨酸	0.026克	丝氨酸	0.022克
维生素	维生素 A	0.003毫克	维生素 B_6	0.052毫克
	β-胡萝卜素	0.032毫克	维生素 B_9	0.006毫克
	叶黄素与玉米黄素	0.080毫克	维生素 B_{12}	0.000毫克
	维生素 B_1	0.037毫克	维生素 C	9.700毫克
	维生素 B_2	0.041毫克	维生素 D	0IU
	维生素 B_3	0.418毫克	维生素 E	0.570毫克
	维生素 B_5	0.124毫克	维生素 K	0.019毫克
矿物质	钙	6.00毫克	磷	12.00毫克
	铁	0.28毫克	钾	77.00毫克
	镁	6.00毫克	钠	1.00毫克
	锰	0.34毫克	锌	0.16毫克

1. 花青素

花青素（anthocyanin）又称花色素，是广泛存在于植物的花、果实、种子中的水溶性天然色素，属黄酮类化合物。花青素是重要的保健成分，是目前自然界中最有效的抗氧化物质。

花青素结构母核为2-苯基苯并吡喃分子，其分子结构见图10-1。

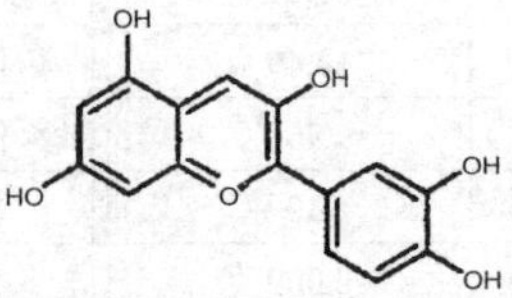

图10-1　2-苯基苯并吡喃分子结构

蓝莓中的花青素主要有五种，分别为矢车菊色素、飞燕草色素、芍药色素、牵牛花色素、锦葵色素。蓝莓中游离的花青素单体很少，主要是以和三种糖（葡萄糖、半乳糖、阿拉伯糖）结合的形式存在。

蓝莓花青素属小分子、水溶性多酚化合物，易被人体快速吸收，在口服45分钟后能快速进入人体各个组织器官，在人体内有较好的生物利用度，可100%被人体吸收，对结缔组织亲和力强，在酸性环境下稳定，半衰期长，可达27小时。蓝莓中花青素含量最丰富的部位是其紫色果皮部位。野生种的蓝莓鲜果花青素含量高达0.33～3.38克/100克；栽培种蓝莓鲜果花青素含量一般为0.07～0.15克/100克。

花青素的颜色随着细胞液pH值的不同而改变，细胞液呈酸性则颜色较红，细胞液偏碱性则颜色较蓝，（近）中性条件下为无色，这主要是因为在不同的pH值条件下花青素的分子构型不同。五种花青素的含量及细胞液中的pH值决定了蓝莓果皮的颜色。

2. 超氧化物歧化酶（SOD）

蓝莓吸收自由基的能力非常强，其SOD活性是维生素C的20倍、维生素B族的50倍。不同品种的蓝莓果实中SOD含量均较高，且差异不大。以粉蓝、园蓝、森吐里昂的SOD含量最高，杰兔的SOD含量稍低。

3. 膳食纤维

蓝莓果实中膳食纤维含量很高。据检测，每100克栽培种蓝莓中膳食纤维含量可达4.3克，分别是猕猴桃（2.9克/100克）、苹果（1.3克/100克）的1.5倍和3.3倍。香蕉素有通便水果的美誉，其膳食纤维含量（1.8克/100克）尚不及蓝莓的一半。蓝莓中的膳食纤维不仅含量高，且结构细致，是日常饮食中纤维的良好来源。

4. 酚酸

蓝莓果皮中除色素外，还含有多酚氧化物等有效成分。酚酸是酚类物质的一种，多为对羟基苯甲酸和对羟基肉桂酸的衍生物，具有重要的药理活性和药用价值。蓝莓果实中的酚酸以绿原酸含量最高，其次为芥子酸和咖啡酸。

5. 有机酸类

蓝莓果实中的有机酸类化合物有十余种，包括柠檬酸、苹果酸、琥珀酸、丁二酸、丙二酸等。

6. 熊果酸

熊果酸又名乌索酸、乌苏酸，是存在于植物中的天然三萜类化合物。蓝莓中的熊果酸以游离或与糖结合成苷的形式存在。熊果酸具有非常重要的生物活性，在镇静、消炎、抗菌、抗糖尿病、降血糖等方面作用显著。

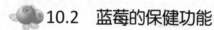 10.2 蓝莓的保健功能

蓝莓果实中含有大量对人类健康有益的物质，特别是其中的花青素、有机锗、有机硒、熊果苷、氨基酸、果酸等特殊营养成分是任何植物都无法比拟的。蓝莓主要有以下几个方面的保健功能。

1. 抗氧化

花青素是国际上公认的最有效的天然水溶性自由基清除剂，也是纯天然的抗衰老营养补充剂，可保护人体免受自由基损伤，其抗氧化的能力是维生素C的20倍、维生素E的50倍。此外，花青素与胶原蛋白有较强的亲和力，能形成一层抗氧化保护膜，保护细胞和组织不被自由基氧化。同时，花青素还能协助维生素C和维生素E的吸收利用，增强其在体内的抗氧化作用。蓝莓中不仅含有抗氧化效果极好的花青素，还含有多种维生素及矿物质，这些物质具有协同抗氧化作用，从而达到良好的抗氧化和预防与自由基相关的多种

疾病的效果。

2. 保护视力

人的视网膜上存在视红素，视红素在光的刺激下可以分解视蛋白和视黄醛发色物质，产生神经传送物质传送给大脑。视红素反复分解、合成，持续向大脑传送信号，从而产生视觉。

蓝莓花青素具有活化和促进视红素合成的作用，使视红素受光刺激分解活化和再合成作用更加活泼有效，同时还可加速维生素A和视紫蛋白在视网膜上合成视紫质，加快视紫质的再生能力，而视紫质正是良好视力不可缺少的物质。蓝莓中的花青素还可有效抑制破坏眼部细胞的酶，从而改善人眼视觉的敏锐程度，减轻眼部疲劳，加快对黑暗环境的适应能力，益于眼部健康。

此外，蓝莓所含的多酚和类黄酮物质能够促进视网膜细胞的生成，增加眼球血流量，保护眼部微血管，进而促进血液循环，改善眼部肌肉疲劳。

3. 美容护肤

蓝莓中的花青素被称为是"口服的皮肤化妆品"。花青素是天然的阳光遮盖物，能够阻止紫外线侵害皮肤，阻止皮肤皱纹和囊泡的产生，从内而外地改善皮肤的健康状况；花青素可清除导致皮肤老化的自由基，同时可使皮肤间的毛细血管血液循环通畅；花青素还可稳定皮肤中的胶原蛋白，保持胶原蛋白的弹性，从而增加皮肤的弹性。此外，蓝莓中的鞣花酸有抑制酪氨酸酶过剩的作用，从而使导致皮肤产生雀斑、黄褐斑的黑色素难以形成，增加了美白皮肤的效果。

4. 增强抵抗力

蓝莓果中的花青素能激活免疫系统，激活巨噬细胞，使血清免疫球蛋白免受自由基的侵害，从而增强人体免疫力。蓝莓中含有丰富的钾，有利于调节体液平衡，维持神经与肌肉的应激性和正常的血压，促进造血，参与解毒，促进创伤和骨折愈合。此外，蓝莓富含氨基酸、维生素及矿物质，可满足人体的多种营养需求，有助于增强抵抗力。

5. 抵抗疾病

（1）抗癌

蓝莓（尤其是野生蓝莓）中的花青素、维生素、矿物质、鞣花酸可以有效清除自由基；单宁酸可有效抑制癌细胞的扩散；膳食纤维能净化肠道，有助于培养肠道内的有益菌，吸附肠道内的有害菌和产生的致癌物质；多酚类物质可抑制大肠癌细胞株HT-29和Caco-2的增生并使其凋亡。

（2）保护血管，改善循环系统机能

蓝莓中的花青素可与维生素C共同作用，使体内过量的胆固醇分解成胆汁盐而排出体外；花青素不仅能够改善血液循环，恢复失效微血管的功效，加强脆弱血管的功能，使血管更具弹性，还可防止由花生四烯酸等引起的血小板凝固，预防血栓，防止动脉粥样硬化。蓝莓中的果胶为可溶性膳食纤维，可以降低体内胆固醇含量，从而降低冠状动脉疾病的概率。

（3）改善糖尿病症状

蓝莓中的花青素可以增强人体胰岛素的敏感性，放大胰岛素的作用，使血糖受到有效控制。花青素本身作为多酚类物质，可抑制淀粉酶活性，降血糖；可降低2型糖尿病患者的血管壁增厚程度；有助于产生较多的胰岛素。

（4）缓解肥胖

科学研究发现，在饮用水中添加花青素，可有效降低血清胆固醇和甘油三酯水平，缓解肥胖。

（5）改善骨质疏松

研究表明，食用蓝莓能增加骨密度和骨代谢标志物，起到预防骨质流失的效果。服用5%蓝莓果汁100天，能够防止全身骨密度下降，并对胫骨和股骨骨密度具有调节作用。这种骨保护作用可能是由于蓝莓抑制了骨转换率，降低了股骨碱性磷酸酶、I型胶原蛋白和抗酒石酸酸性磷酸酶的mRNA（信使核糖核酸）表达水平。

（6）抗炎症反应

蓝莓具有保护黏膜系统、消除体内炎症的作用，尤其对尿路感染、胃溃疡、慢性肾炎等炎症反应效果良好。研究发现，蓝莓中含有的物质可抑制附着于膀胱壁的细菌繁殖，从而起到治疗尿路感染的作用。蓝莓中的多糖类物质对枯草芽孢杆菌、大肠杆菌、金黄色葡萄球菌、啤酒酵母也有一定的抑制作用。蓝莓中的单宁酸可抑制胃溃疡。

由于具有上述功效，蓝莓已被列为人类五大健康食品之一，堪称"世界第三代水果之王"。美国《时代周刊》称：人类的健康史已经从20世纪的抗生素和维生素时代进入了21世纪的花青素时代。美国人类营养中心建议公民每天要补充花青素6毫克。可见，蓝莓将在未来人类健康中起到越来越重要的作用。

10.3　蓝莓的加工技术及相关产品的质量标准

1. 蓝莓鲜果

（1）工艺流程

蓝莓→采收→除杂→分级→清洗→包装→冷藏→成品

（2）质量标准

按照中华人民共和国国标《蓝莓（GB/T 27658—2011）》的规定，我国的鲜食蓝莓分为三个等级，各质量等级要求见表10-2。

表10-2　《蓝莓（GB/T 27658—2011）》规定鲜食蓝莓质量等级要求

项目	等级		
	优等品	一等品	二等品
果粉	完整	完整	不作要求
果蒂撕裂	无	≤1%	≤2%
果形	具有本品种应有的特征，无缺陷	具有本品种应有的特征，允许有轻微缺陷	具有本品种应有的特征，允许有缺陷，不得有畸形果
成熟度	不允许有未成熟果和过熟果	允许有不超过1%的未成熟果和过熟果	允许有不超过2%的未成熟果和过熟果

（3）质量容许度

1）优等品

按重量计，允许不符合该级别要求的蓝莓鲜果最多占5%，但要符合一等品的要求。此外，按重量计，允许本等级的蓝莓鲜果中有不超过0.1%的茎叶。

2）一等品

按重量计，允许不符合该级别要求的蓝莓鲜果最多占10%，但要符合二等品的要求。此外，按重量计，允许本等级的蓝莓鲜果中有不超过0.5%的茎叶。

3）二等品

按重量计，允许最多有10%蓝莓鲜果不符合该级别要求，但应符合基本要求。此外，按重量计，允许本等级的蓝莓鲜果中有不超过1%的茎叶。

安全指标要求：污染物限量应符合食品安全国家标准《食品中污染物限量（GB 2762—2017）》的规定。农药最大残留量应符合食品安全国家标准《食品中农药最大残留限量（GB 2763—2016）》的规定。

市场上销售的蓝莓鲜果见彩图10-1。

2. 蓝莓果酱

（1）分类、定义和质量指标

1）按原料用量分

按果酱中原料用量的比例，果酱类产品可分为果酱和果味酱两种（见表10-3）。

表10-3　果酱类产品定义和质量指标

	定义	质量指标
果酱	以水果、果汁或果浆和糖等为主要原料，经预处理、煮制、打浆（或破碎）、配料、浓缩、包装等工序制成的酱状产品	配方中水果、果汁或果浆按鲜果计，用量大于或等于25%
果味酱	加入或不加入水果、果汁或果浆，使用增稠剂、食用香精、着色剂等食品添加剂，加糖（或不加糖），经配料、煮制、浓缩、包装等工序加工制成的酱状产品	配方中水果、果汁或果浆按鲜果计，用量小于25%

2）按用途分

按产品用途分，果酱产品可分为原料类果酱和佐餐类果酱。

①原料类果酱。供应食品生产企业，作为生产其他食品的原辅料的果酱。又可分为酸乳类用果酱、冷冻饮品类用果酱、烘焙类用果酱和其他果酱。

②佐餐类果酱。直接向消费者提供的，佐以其他食品一同食用的果酱。

（2）工艺流程

蓝莓→采收→除杂→清洗→烫漂→煮制→调配→灌装→成品

（3）操作要点

①除杂及清洗。去除杂质、霉果及破碎果，用清洁流水冲洗干净，除去泥沙、灰尘及果梗等。

②烫漂。100℃条件下烫漂5分钟，以充分杀灭酶活。

③煮制及调配。加入果实用量约1/3的糖量（或据实际用途进

行调整）及少量水，加热煮沸，不断搅拌，以防焦糊，熬制到适当固形物含量即可。据实际用途可添加适量胶体及酸味剂，调整产品口感和黏稠度。

④灌装及冷却。趁热将蓝莓果酱装入瓶中，于沸水浴中加热15分钟，进行杀菌，分段冷却到室温，即为产品。

（4）质量标准

1）感官指标

见表10-4。

表10-4　蓝莓果酱的感官指标

项目	要求
色泽	有该品种应有的色泽
滋味	无异味，酸甜适中，口味纯正，有该品种应有的风味
杂质	正常视力下无可见杂质，无霉变
组织状态	均匀，无明显分层和析水，无结晶

2）理化指标

见表10-5。

表10-5　蓝莓果酱的理化指标

项目	果酱指标	果味酱指标
可溶性固形物（以20℃时的折光度计）	≥25	-
总糖/（克/100克）	-	≤65
总砷（以As计）/（毫克/千克）	≤0.5	
铅（以Pb计）/（毫克/千克）	≤1.0	
锡（以Sn计）/（毫克/千克）	≤250（仅限马口铁罐）	

注："-"表示不作要求

市场上销售的蓝莓果酱见彩图10-2。

3. 蓝莓果酒

（1）定义与分类

蓝莓果酒是以新鲜蓝莓水果或蓝莓果汁为原料，经全部或部分发酵酿制而成的、酒精度在7%～18%（体积分数）的各种低度饮料酒。

按含糖量不同，蓝莓果酒可分为以下几类：干型蓝莓果酒、半干型蓝莓果酒、半甜型蓝莓果酒、甜型蓝莓果酒。

（2）工艺流程

蓝莓→除杂→分级→清洗→破碎→分离取汁→清汁→发酵→倒桶→贮酒→过滤→冷处理→调配→过滤→成品

（3）质量标准

1）感官指标

见表10-6。

表10-6 蓝莓果酒的感官指标

项目	要求
色泽	应具有本品的正常色泽，酒液清亮，无明显沉淀物、悬浮物和浑浊现象
气味	应具有原果实特有的香气，陈酒还应具有浓郁的酒香，且与果香混为一体，无突出的酒精气味
滋味	酸甜适口，醇厚纯净而无异味，甜型酒要甜而不腻，干型酒要干而不涩，酒体协调
典型性	具有标示品种及产品类型的应有特征和风味

2）理化指标

见表10-7。

表10-7 蓝莓果酒的理化指标

项目	指标	
酒精度（20℃）/%（体积分数）	7.0～18.0	
滴定酸（以酒石酸计）/（克/升）	4.0～9.0	
挥发酸（以乙酸计）/（克/升）	≤1.5	
总糖（以葡萄糖计）/（克/升）	干型	≤4.0
	半干型	4.1～12.0
	半甜型	12.1～50.0
	甜型	≥50.1
干浸出物/（克/升）	≥9.0	
总二氧化硫/（毫克/升）	≤250.0	
铁（以Fe计）/（毫克/升）	≤8.0	
铅（以Pb计）/（毫克/升）	≤0.2	
无机砷（以As计）/（毫克/升）	≤0.05	

（续表）

项目	指标
山梨酸/（克/千克）	≤0.2
苯甲酸/（毫克/千克）	≤1
黄曲霉毒素B1/（微克/升）	≤5

注：酒精度（20℃）允许误差为标示值的±1.0%（体积分数）

3）微生物指标

见表10-8。

表10-8　蓝莓果酒的微生物指标

项目	指标
菌落总数/（cfu/毫升）	≤50
大肠菌群/（MPN/100毫升）	≤3
致病菌（沙门氏菌、志贺氏菌、金黄色葡萄球菌）	不得检出

市场上销售的蓝莓果酒见彩图10-3。

4. 蓝莓果醋

（1）定义

蓝莓果醋是以新鲜蓝莓水果为主要原料制成的酿造醋。它是利用现代生物技术酿制而成的一种营养丰富、风味优良的酸味调味品。

（2）工艺流程

蓝莓→除杂→清洗→破碎→酶解→分离取汁→糖酸调整→杀菌→酒精发酵→醋酸发酵→过滤→装瓶→灭菌→成品

（3）质量标准

1）感官指标

具有正常食醋的色泽和气味，不涩，无其他不良气味与异味，无悬浮物，不浑浊，无沉淀，无异物，无醋鳗、醋虱。

2）理化指标

见表10-9。

表10-9　蓝莓果醋的理化指标

项目	指标
游离矿酸	不得检出
总砷（以As计）/（毫克/升）	≤0.5
铅（以Pb计）/（毫克/升）	≤1
黄曲霉毒素B1/（微克/升）	≤5

3）微生物指标

见表10-10。

表10-10　蓝莓果醋的微生物指标

项目	指标
菌落总数/（cfu/毫升）	≤10000
大肠菌群/（MPN/100毫升）	≤3
霉菌与酵母/（cfu/克）	≤20
致病菌（沙门氏菌、志贺氏菌、金黄色葡萄球菌）	不得检出

市场上销售的蓝莓果醋见彩图10-4。

5. 蓝莓果汁

（1）定义与分类

蓝莓果汁是由完好的、成熟适度的新鲜水果或适当物理方法保存的水果的可食部分制得的可发酵但未发酵的汁液。

蓝莓果汁饮料是由果汁或浓缩果汁加水、糖、蜂蜜、糖浆和甜味剂等制得的稀释液体。

（2）工艺流程

蓝莓→清洗→灭酶→打浆→澄清→调配→均质→杀菌→灌装→封盖→成品

（3）质量标准

1）感官指标

见表10-11。

表10-11　蓝莓果汁的感官指标

项目	要求
色泽	具有本品应有的色泽
滋味和气味	具有本品应有的滋味和香气，酸甜适口，无异味
组织状态	清澈或浑浊均匀，无结块。除清汁型外，允许有少量沉淀或轻微分层，但摇动后浑浊均匀
杂质	无肉眼可见的外来杂质

2）理化指标

见表10-12。

表10-12　蓝莓果汁的理化指标

项目	指标	
	果汁	果汁饮料
可溶性固形物（以20℃时的折光度计）/（克/100克）	≥8.0	≥4.5
总酸（以柠檬酸计）/（克/100克）	≥0.1	
总汞（以Hg计）（毫克/千克）	≤0.02	
铅（以Pb计）（毫克/千克）	≤0.05	
总砷（以As计）（毫克/千克）	≤0.1	
铜（以Cu计）（毫克/千克）	≤5.0	
锌[a]（以Zn计）	≤5.0	
铁[a]（以Fe计）（毫克/千克）	≤15	
锡[a]（以Sb计）（毫克/千克）	≤200	
铜、锌、铁总和[a]（毫克/千克）	≤20	
苋菜红[b]（毫克/千克）	≤50	
胭脂红[b]（毫克/千克）	≤50	
日落黄[c]（毫克/千克）	≤100	
柠檬黄[c]（毫克/千克）	≤100	
山梨酸（毫克/千克）	≤500	
苯甲酸（毫克/千克）	<1	
糖精钠（毫克/千克）	<0.15	
环己基氨基磺酸钠（毫克/千克）	<0.2	
二氧化硫（毫克/千克）	≤10	

注：a. 仅适用于金属罐装；b. 仅适用于红色的产品；c. 仅适用于黄色的产品

3）微生物指标

见表10-13。

表10-13　蓝莓果汁的微生物指标

项目	指标
菌落总数/（cfu/毫升）	≤100
大肠菌群/（MPN/100毫升）	≤3
霉菌与酵母/（cfu/毫升）	≤20
致病菌（沙门氏菌、志贺氏菌、金黄色葡萄球菌、溶血性链球菌）	不得检出

市场上销售的蓝莓果汁见彩图10-5。

6. 蓝莓含乳饮料

（1）分类和定义

蓝莓含乳饮料是以乳或乳制品为原料，添加适量蓝莓果或蓝莓汁及适量辅料经配制或发酵而成的饮料制品。含乳饮料还可称为乳（奶）饮料、乳（奶）饮品。

通常含乳饮料又可分为配制型含乳饮料、发酵型含乳饮料及乳酸菌饮料三种。

1）配制型含乳饮料

以乳或乳制品为原料，加入水以及白砂糖、甜味剂、酸味剂、果汁、茶、咖啡、植物提取液等中的一种或几种调制而成的饮料。

2）发酵型含乳饮料

以乳或乳制品为原料，经乳酸菌等有益菌培养发酵制得的乳液中加入水以及白砂糖、甜味剂、酸味剂、果汁、茶、咖啡、植物提取液等中的一种或几种调制而成的饮料。其根据是否经过杀菌处理可分为杀菌（非活菌）型和未杀菌（活菌）型。

发酵型含乳饮料还可称为酸乳（奶）饮料、酸乳（奶）饮品。

3）乳酸菌饮料

以乳或乳制品为原料，经乳酸菌发酵制得的乳液中加入水以

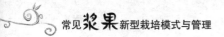

及白砂糖、甜味剂、酸味剂、果汁、茶、咖啡、植物提取液等中的一种或几种调制而成的饮料。其根据是否经过杀菌处理可分为杀菌（非活菌）型和未杀菌（活菌）型。

（2）工艺流程

1）蓝莓配制型含乳饮料

原料乳→均质→灭菌→冷却→接种→发酵→冷却→调配（加入蓝莓汁、白砂糖及其他辅料）→调酸→均质→灭菌→包装→成品

2）蓝莓发酵型含乳饮料

原料乳→调配（加入蓝莓汁、白砂糖及其他辅料）→均质→灭菌→冷却→发酵→后熟→成品

3）蓝莓乳酸菌饮料

原料乳→均质→灭菌→冷却→接种→发酵→冷却→调配（加入蓝莓汁、白砂糖及其他辅料）→搅拌→调酸、调香→均质→包装→成品

（3）质量标准

1）感官指标

见表10-14。

表10-14　蓝莓含乳饮料的感官指标

项目	要求
色泽	均匀乳白色、乳黄色或带有添加辅料的相应色泽
滋味和气味	具有特有的乳香滋味和气味或具有与加入辅料相符的滋味和气味；发酵产品具有特有的发酵芳香滋味和气味；无异味
组织状态	均匀细腻的乳浊液，无分层现象，允许有少量沉淀，无正常视力可见外来杂质

2）理化指标

见表10-15。

（续表）

表10-15　蓝莓含乳饮料的理化指标

项目	配制型含乳饮料	发酵型含乳饮料	乳酸菌饮料
蛋白质[a]/（克/100克）	≥1.0	≥1.0	≥0.7
苯甲酸[b]/（克/千克）	–	≤0.03	≤0.03

注：a. 含乳饮料中的蛋白质应为乳蛋白质；b. 属于发酵过程产生的苯甲酸，原辅料中带入的苯甲酸不在此列

3）乳酸菌指标

发酵菌种应使用德氏乳酸菌保加利亚亚种（保加利亚乳酸菌）、嗜热链球菌等国家标准或法规批准使用的菌种。

未杀菌（活菌）型蓝莓发酵型含乳饮料及未杀菌（活菌）型蓝莓乳酸菌饮料的乳酸菌活菌数应符合如下规定（见表10-16）。

表10-16　蓝莓含乳饮料的乳酸菌指标

检验时期	未杀菌（活菌）型蓝莓发酵型含乳饮料	未杀菌（活菌）型蓝莓乳酸菌饮料
出厂期	乳酸菌活菌数≥1×10⁶cfu/毫升	
销售期	按产品标签标注的乳酸菌活菌数执行	

市场上销售的蓝莓含乳饮料见彩图10-6。

葡萄 篇

第11章　葡萄概述

葡萄在分类上属于葡萄科（Vitaceae）葡萄属（*Vitis*）。葡萄属包括70多个种，分布在我国的约有35种。其中仅有20多个种用来生产果实或作为砧木，其他均处于野生状态，无栽培及食用价值。

11.1　我国葡萄产业的发展

葡萄作为我国主要栽培树种，近年来在栽培和育种等各方面发展迅速。据国家农业部统计，截至2015年底，中国葡萄栽培面积达79.9亿平方米，同比增长0.4%，产量为1366.9万吨，同比增长90%；葡萄酒产量为114万吨。从2011年起，我国鲜食葡萄产量已稳居世界首位；从2014年起，我国葡萄栽培面积已跃居世界第2位，葡萄酒产量居世界第8位。中国已经成为世界葡萄生产大国。特别是近10年来，我国葡萄栽培面积、产量迅猛上升。面积由2005年的40.8亿平方米增长到2015年的79.9亿平方米，增长96%；产量由2005年的579.4万吨增长到2015年的1366.9万吨，增长136%。

葡萄不仅美味，而且具有极高的营养价值、药用价值和经济价值，故有"水果之神"之称。

11.2 我国葡萄栽培存在的主要问题

1. 品种种植区划滞后，结构不合理

在葡萄品种种植区划方面未系统开展过全国性的研究，缺乏具有前瞻性的产业规划和布局，各地葡萄产业发展仍存在一定的盲目性，存在葡萄种植品种单一、结构不合理等问题。例如鲜食葡萄生产中，以巨峰和红地球为主要品种，优良早中熟品种及无核品种所占比例小，且一些地方盲目规模化种植单一的品种，导致成熟期和销售集中，果农相互压价，降低效益；酿酒葡萄生产中，以赤霞珠为主要品种，导致酒种单一，市场竞争力差；自主知识产权品种所占比例小，主栽品种仍以国外育成品种为主，如巨峰、红地球、克瑞森无核、赤霞珠等。近10年来，国内育成葡萄新品种虽然有100余个，但大面积栽植的不多。

2. 优质良种苗木繁育体系建设滞后，苗木质量参差不齐

无病毒优质良种苗木繁育体系建设滞后和苗木生产管理不规范是当前中国葡萄产业发展中的突出问题。主要表现为葡萄苗木繁育和经营以个体种植户为主，现代化、专业化和规范化苗木生产企业少，出圃苗木质量参差不齐；国家及地方果树苗木管理法规缺失，致使生产流通缺乏有效管理与监督；存在受利益驱动的"传销性"行为和乱起名、炒作"新品种"行为，致使苗木繁育与流通不规范，品种纯度难以有效保证，脱毒苗和抗砧嫁接苗等优质新品种苗木推广受到制约；葡萄检疫性害虫根瘤蚜和葡萄病毒病有逐步蔓延之势。

3. 栽培管理技术标准化程度低，果品质量均一性差，葡萄生产标准化程度总体上仍较低

许多产区仍未建立统一规范的生产操作技术规程或产品标准，

优质标准化栽培理念尚未在广大葡萄种植者中普及，盲目追求产量，导致葡萄成熟期延后、着色不均或不着色，含糖量不高，口味变淡等，致使产品质量参差不齐、市场竞争力差、售价低等问题突出。

4. 化肥、农药施用不合理，食品安全隐患多

葡萄生产中，化肥和农药（包括植物生长调节剂）不合理使用现象非常突出，存在"三乱"问题。一是乱用化肥。为了追求高产，不计成本大量使用化肥，使土壤肥力、有机质含量下降，土壤酸化、板结严重。二是乱用农药。没病不防、有病乱打药问题较为普遍，预防为主、综合防控、科学绿色防控的理念没有得到很好的执行。三是乱用植物生长调节剂。由于科技普及力度不够，消费者只盯着大个、好看的外观品质，果农为追求早上市卖个好价钱，过度使用植物生长调节剂。以上均使果品质量安全得不到保证，极易造成部分葡萄农药、重金属和植物生长调节剂残留超标等安全隐患。

5. 葡萄栽培管理成本增加，效益下降

近年来，葡萄生产劳动力成本大幅度增加，致使葡萄生产效益大幅下降，如新疆葡萄采摘季节劳动力成本高达每天160元，浙江有些地方每天100多元仍雇不到人。提高葡萄栽培管理的机械化水平，研发推广适合中国葡萄种植发展的各种配套机械设备，实行农机农艺融合，减少劳动用工，降低生产成本已迫在眉睫。

第12章　葡萄的生物学特性

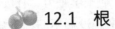 **12.1　根**

葡萄是深根性植物，具有庞大的根系和很强的吸收功能，从而保证了地上部分的旺盛生长和结实。

1. 根的类型

葡萄根系依据起源和繁殖方式不同，可分为实生根系和茎源根系（见图12-1）。葡萄实生苗的根系为实生根系，由种子的胚根发育而成，主根发达，根系生命力强，主根上又分生各级侧根、幼根。利用植物营养器官具有再生能力的特点，采用枝条扦插或压条繁殖而成，无主根，生命力相对较弱，常为浅根，即茎源根系。另外，空气温度高、湿度大时，2～3年生葡萄枝蔓上常会长出不定根，即

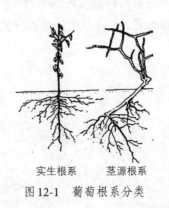

实生根系　　　茎源根系

图12-1　葡萄根系分类

气生根，该根在生产中无重要作用，但果农可利用此特性，进行插条与压枝育苗。

2. 根的结构与功能

根的先端为根尖，根尖的顶端为根冠，起保护后部细胞分生区的作用。伸长区后面为成熟区，其上密生根毛，用于吸收水分和养分。成熟区随根的伸长逐渐木栓化，转为输导组织。从幼根伸长区纵剖面看，其由表皮、皮层和维管柱三层组成。表皮细胞向外延伸形成突起，称为根毛；表皮以内的细胞称为皮层；皮层以内是维管柱，维管柱最外一圈环状细胞叫中柱鞘，侧根即发源于中柱鞘。中柱鞘以内是根的初生木质部和初生韧皮部。维管柱的中心是由较大的薄壁细胞组成的髓部。初生根不断老化，原来呈放射状排列的形成层逐渐变为形成层环。形成层细胞不断分裂，其向内生成次生木质部，向外生成次生韧皮部，使根部逐渐加粗。

葡萄根的主要功能是把植株固定在土壤中，以便从土壤里吸收养分和水分，并能贮存营养物质，合成生理活性物质，如各种激素等，向植株上部输送营养，使其生长与结果。

3. 根的分布

葡萄为深根性果树。其根系在土壤中的分布与品种、土壤类型、地下水位、生态条件、架式、栽培管理技术有关。一般情况下，根系垂直分布最集中的范围是距地表20～80厘米的土层。抗旱、抗寒的品种根系分布深；若土质疏松、土层深厚，根系分布深；盐碱地区根系分布较浅；棚架的葡萄比篱架的葡萄根系大，分布深。根系的水平分布受土壤和栽培条件的影响。若土壤条件差，根系主要分布在栽植沟内。

在相对干旱的华北、西部地区，土层深厚，地下水位达10～20米，抗旱品种（如龙眼、玫瑰香）的根系主要垂直分布在0.6～1.0米，最深达4.5～10米，水平分布为2～5米；在我国渤海湾地势低洼的盘锦和黄骅等地区，土层深厚，但因地下水位高，生长季节根深仅为2～3米；在人工修筑的条、台田上栽培的巨峰、红地球、龙眼、玫瑰香等品种，其主要根系垂直分布在30～70厘米，1米以下的根系较少，根系水平分布3～4米，已突破定植沟，向枝蔓延伸方向生长较多。

4. 根的生长

葡萄根系的生长周期受湿度、光照、水分、地域、土壤及品种等内外因素影响。一般根在一年中有两次发育高峰：一次在春夏季，新梢第一次生长高峰过后，一般此次发根量最多；一次在秋季，新梢第二次生长基本停止时。当土壤温度达5℃以上时，根系开始活动，地上部分有伤流出现；土壤温度达12℃以上，根系开始生长；土壤温度越过28℃，根系停止生长。当土壤温度为15～22℃、田间持水量为60%～78%时，根系处于旺盛生长状态。此外，葡萄的根系耐寒能力较差，一般在-10℃左右时有些品种即被冻伤，应注意加强越冬保护。若地温适宜，根系可常年生长而无休眠期。

葡萄对土壤的适应性很强，除含盐量较高的盐土外，在其他各种土壤上都可生长，其中以沙壤土最适宜。在深耕园中，土层深厚，土壤肥沃、疏松，根系生长良好，分布范围深广，分布深度可达1～2米。

葡萄根喜氧，当土壤中氧浓度小于5%时，果实较酸，着色差。根系渍水时可造成根部腐烂，故在雨季苗圃和生产园都应注意及时排水。

不同葡萄种对土壤酸碱度的适应能力有明显的差异。一般欧洲种在碱性土壤上生长较好，根系发达，果实含糖量高、风味好；在酸性土壤上长势较差。美洲种和欧美杂种则较适应酸性土壤，在碱性土壤上的长势就略差。此外，由于山坡地通风透光，在那种植的葡萄往往较平原地区高产、品质好。

12.2　枝

带有叶片的当年生枝称为新梢。着生花序的新梢称为果枝；不具花序的新梢称为营养枝。由果枝和生长枝组成的一组枝条称为结果枝组。

新梢自当年秋季落叶后至翌年春季萌芽前称为1年生枝，并有相当一部分可称为结果母枝。新梢上着生叶片的部分为节，节部稍膨大，节上着生茎和叶片，节内有横膈膜。两个节之间为节间。叶腋内着生芽眼，叶片的对面着生卷须或果穗。葡萄的新梢不形成顶芽，一般需通过摘心、肥水管理控制新梢生长。

葡萄的茎细而长，髓部大，组织较疏松。

12.3　芽

1. 冬芽

芽外有鳞片、茸毛保护，以适应冬季的寒冷。每一节冬芽的分化时间和分化质量不同，以中部芽较好。冬芽并不是单纯的一个芽，而是几个芽的复合体。冬芽内位于中央且最大的1个芽称为主芽，其周围有3～8个大小不等的副芽。栽培上一般只保留1个发育最好的芽，其余的抹除（见彩图12-1）。

2. 夏芽

葡萄的主梢延伸生长的同时，叶腋中分化冬芽，在冬芽的旁边也分化夏芽。夏芽为无鳞片的裸芽，当年分化，当年萌发生长。

3. 隐芽

未萌发的冬芽或冬芽中的副芽，常常潜伏下来而形成隐芽。隐芽寿命长，重剪可刺激萌发。栽培管理中可利用隐芽更新枝蔓，复壮树势（见彩图12-2）。

12.4 花序、果穗、卷须

1. 花序

欧亚种葡萄的第一花序通常着生在新梢的第4节或第5节上，一般1个新梢接连着生2个花序。美洲种葡萄的第一花序通常着生在新梢的第3节或第4节上，1个新梢上的花序数多在3个以上。欧美杂种葡萄花序着生情况则处于二者之间。

葡萄的花序为圆锥花序，由花穗梗、花穗轴、花梗及花朵组成。花序从着生果枝处到穗梗节的分枝，有的不带小花而为一卷须，有的带有小花而为副穗。1个花序一般有200～1500朵花朵。

2. 果穗

花序在开花结果后，成为果穗。果穗由穗梗、穗轴、副穗组成。果穗的形状可分为圆锥形、圆柱形、分枝形三类，形态多种多样。

3. 卷须

葡萄卷须与花序是同源器官。卷须的作用是缠绕它物，攀援延伸。欧亚种是每着生两节卷须后隔一节不着生卷须，而美洲种则为连续着生。在栽培条件下，卷须的存在已失去它进化的意义。

12.5 果实、种子

葡萄是喜光植物，对光照非常敏感，充足的光照有利于叶片的生长发育及光合作用，从而促进果实发育。葡萄开花、授粉、受精后，雌蕊的子房发育成果实，整个花序形成果穗。葡萄果粒是一种浆果，由果梗、果蒂（果梗与果粒相连处的膨大部分）、果刷、外果皮、果肉、种子等组成。

葡萄中的具核品种通常一个果粒会有1～4粒种子，也偶有少量无核果粒发生。无核品种因单性结实或因果实发育过程中种子败育而产生。葡萄种子一般为梨形。

12.6 葡萄生长发育年周期

葡萄生长发育年周期由生长期和休眠期组成。生长期是从春季根部开始活动和萌芽开始一直到秋季落叶为止。休眠期从秋天落叶后开始，到春季生长期来临之前结束。葡萄植株的生长发育年周期呈现明显的阶段性，在每个阶段中，根据其生长发育特点，都有相应的农业技术措施要求。

1. 伤流期

春季，当地温上升到7～9℃时，大多数欧亚种葡萄的树液开始流动，美洲种葡萄在6～7℃时树液即开始流动。这时如果对葡萄进行修剪或不慎造成植株伤口，就会从剪口或伤口处流出大量树液，这种现象叫伤流。伤流开始早晚、伤流量的多少与温度、湿度有密切关系。在我国黄河中下游地区，葡萄的伤流期一般从3月下旬开始。土壤湿度大，伤流量也大；土壤干旱，伤流就不会发生。伤流期长短随当年气候条件和葡萄品种而定，一般为7～10天。伤流是根系开始旺盛活动的一个标志，这一时期要加强松土，以提高地温和保持土壤水分，给春季根系的生长创造一个良好的环境。如果冬季比较干旱，要注意及时追肥、灌水。据分析，伤流液中含有一定量的有机质和矿物质。少量伤流对植株影响不大，若伤流过多，植株生长会变弱。因此，在这一时期，要注意尽量避免枝蔓产生新的伤口。一般伤流结束后7～10天，葡萄即开始萌动。

2. 萌芽期及新梢生长期

当气温上升到10～12℃时，大部分欧亚种葡萄开始萌芽。我国华中、华北地区葡萄萌芽期一般在3月下旬到4月上旬，各品种开始萌芽的时间有所差异。

葡萄萌芽展叶后，花序原基在去年分化的基础上继续发育，依次分化出花萼、花、雄蕊、雌蕊，同时也开始形成第二和第三花序。此时若营养不足，花序原基分化微弱，就会形成发育不全或带卷须的花序，甚至使已经分化的花序原基完全萎缩。

从萌芽结束到开花之前是新梢迅速生长期，这时新梢一昼夜能伸长5～6厘米，一般新梢在开花期要长到全长的60%以上。同时，此期地温已达10～15℃，也有利于新根迅速生长。这一阶段持续时间为30～45天。葡萄的萌芽、新梢和根系的生长、花序的分化，都需要大量营养。由于这一阶段各器官都处在旺盛生长阶段，对水肥需要量大，所以生产上一定要加强肥水管理，并要及时抹芽和绑蔓，促使新梢旺盛、健壮地生长。

3. 开花期

葡萄生长的最适温度为25℃。当气温高于30℃时，光合作用迅速减弱。当气温上升到20℃左右时，葡萄即进入开花期。我国华北地区葡萄大约在5月下旬开花。葡萄花期长短与气候、品种有关。天气晴朗时，花期多为6～7天。气温越高，花期越短。开花期遇上低温阴雨，不但花期增长，而且正常的授粉受精也受到严重影响。

葡萄的开花期也是第二年花芽的开始分化期，同时在这一阶段，枝、叶生长都需要消耗大量的营养物质，所以此期是葡萄管理的关键时期，也称水肥临界期。生产上必须加强管理，及时摘心，控制副梢生长，改善通风透光条件。对花序较多、较大的落花落果品种，如巨峰、玫瑰香及新玫瑰等，可在开花前3～5天摘心，进行花期喷施硼肥和人工辅助授粉等，以提高座果率，减少大小粒现象。

4. 浆果生长期

此期自子房膨大至浆果着色前为止。大部分葡萄品种在6月上旬幼果开始膨大。从幼果膨大到浆果开始成熟，早熟品种需要

35～60天，中熟品种为60～80天，晚熟品种为80天以上。浆果生长初期，果肉细胞迅速分裂、扩大，但浆果仍保持绿色、果皮硬、含酸量不断增加；经过4～7周后，浆果的生长速度减缓，种皮开始硬化，胚发育加快；到浆果生长后期，果肉细胞再次迅速扩大，细胞壁变得很薄，浆果含酸量达到最高水平，并开始糖的积累。

在浆果生长期，新梢延长生长虽然比较缓慢，但加粗生长仍在不断进行，这时是越冬芽眼中花序突起形成的关键时期，所以必须加强肥水管理，适时增施磷钾肥。幼果生长前期还应注意架面管理，改善通风、透光条件，加强病虫害防治，保护叶片正常生长。当果粒硬核期开始后，每隔半月喷1次3%～5%草木灰溶液和0.5%～2%磷肥浸出液（或0.5%～1%磷酸二氢钾溶液），这对加速糖分运转、提高果实品质有明显的作用。

5. 浆果成熟期

从有色品种浆果开始着色、无色品种果粒开始变得有弹性起，到果实完全成熟为止，这一阶段称为浆果成熟期。此期浆果体积不再继续膨大，但果肉组织开始变软，糖分积累增加，酸度减少，逐渐表现出品种固有的色泽和香味。此期持续时间一般为20～30天。

葡萄成熟前后新梢开始木质化（枝条老熟），花芽继续分化，贮藏养分并将它们向根部输送。这一阶段要注意保护好叶片，使叶片保持较高的光合速率，以保证果实内有更多的糖分积累；同时要严格控制氮肥和水分，雨水过多时要做好排涝工作，防止葡萄裂果和病虫、蜂、雀等为害。为了增强果实的耐贮性，从采收前1个月开始，要补充喷施一些钙肥。

6. 新梢成熟及落叶期

此期自浆果成熟采收起，到落叶为止。葡萄新梢成熟是由下向上进行的，开始时基部1～3节枝条逐渐变成褐色，表皮木栓化，以后如天气晴朗，气温平和，新梢逐渐由下向上成熟。深秋，随着气温下降，叶片光合作用减弱或停止，叶色由绿色变成黄色、红色，叶柄脱落。新梢成熟得越好，在越冬前通过的低温锻炼就越充分。经过低温锻炼的枝条，抗寒性显著提高。此期除要促进新梢迅速成熟外，还应早施基肥。果实采收后及时施足基肥不但能提高土壤温度，防止根系受冻，而且能为翌年葡萄生长发育奠定良好的基础。

7. 休眠期

此期从落叶后开始，到翌年树液开始流动时为止。其可划分为两个阶段，即自然休眠期（生理休眠期）和被迫休眠期。虽然习惯上将落叶作为自然休眠开始的标志，但实际上葡萄新梢上的冬芽早在落叶以前已进入休眠状态。自然休眠期结束后，若外界气温条件适宜，芽眼即可萌动，但由于这时正处冬末，气温仍较低冷，因此，植株不能萌芽生长，此时的休眠称为被迫休眠。休眠是植物本身对环境适应的一种表现，当自然休眠不完全时，植株表现为萌芽延迟且不整齐，甚至开花期也随之延迟。一般栽培品种要完全打破自然休眠，要求温度低于7.2℃的总时数为800~1200小时。不同品种完成休眠所需的低温时数有所不同。利用温室或塑料大棚栽培葡萄时常出现发芽不整齐的现象，其原因就是低温量不足的缘故。这时可用20%石灰氮浸出液涂抹芽眼，从而起到代替低温、打破休眠的作用，促进植株迅速、整齐地萌发。

第13章　葡萄主要品种及特性

 13.1　种类及分布

按照地理起源以及生态特点，一般将葡萄划分为欧亚种群、北美种群和东亚种群这三大种群，另外还有一个杂交种群。

1. 欧亚种群

欧亚种群起源于欧洲—西亚中心，仅包含1个种（欧亚种）及它的3个野生亚种。欧亚种的栽培价值高，果实品质好，风味纯正，抗寒性较差，对真菌性病害抵抗能力弱，不抗黑痘病、白腐病等，抗碱性土壤能力强。该种适宜于气候温暖、阳光充足和较干燥的地区栽培。目前世界上90%以上的葡萄产品来自该种，80%以上的葡萄品种由该种演化而来，在世界上地中海气候条件下广泛栽培。我国栽培的龙岩、牛奶、玫瑰香、无核白等品种都属于该种。

2. 北美种群

北美种群起源于包括美国、加拿大以及墨西哥在内的地区，是重要的葡萄抗病种质资源，在葡萄根瘤蚜和霜霉病抗性育种中发挥了重要作用。该种群包括28个种，其中在栽培和育种上有利用价值的主要有美洲葡萄、海岸葡萄、沙地葡萄等。

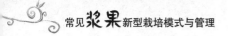

3. 东亚种群

东亚种群起源于包括中国、日本、韩国、俄罗斯东部和东南亚北部在内的地区，其形态上的多样性和抗性类型极其丰富。该种群中原产于我国的有10余种。其中重要的种有山葡萄和蘡薁葡萄等。

4. 杂交种群

杂交种群是指由葡萄种间杂交培育而成的杂交后代。如欧亚种和美洲种的杂交后代称欧美杂种。欧美杂种在葡萄品种中占有相当大的数量。这些品种显著的特点是浆果具有美洲种的草莓香味，植株有良好的抗病、抗寒、抗潮湿性和丰产性，这些特性使得欧美杂种能在较大的区域范围内种植，其在中国、日本和东南亚地区已成为主栽品种。我国和日本目前栽培较多的欧美杂种有巨峰、京亚、康拜尔早生等。

13.2 品种及特性

1. 鲜食品种

（1）早熟品种

1）夏黑（Summer Black）

欧美杂种，三倍体。1968年，日本山梨县果树试验场杂交育成，亲本为巨峰×无核白。在江苏、云南、上海、安徽等地有栽培。果穗圆锥形，间或有双歧肩，平均穗重415.0克；果粒着生紧密或极紧密，近圆形，紫黑色或蓝黑色，平均粒重3.0～3.5克；果粉厚，果皮厚而脆，无涩味；果肉硬脆，无肉囊，味浓甜，具浓草莓香味，可溶性固形物含量为20.0%～22.0%，品质上等；无种子。植株生长势极强，早果性好，浆果早熟（见彩图13-1）。

2）夏至红（Xiazhihong）

欧亚种，二倍体。中国农业科学院郑州果树研究所育成，亲本为绯红×玫瑰香。全国各地有少量种植。果穗圆锥形，平均穗重750.0克；果粒整齐，着生紧密，圆形，紫红色，平均粒重8.5克；果粉多；果皮中等厚，无涩味；果肉脆，汁液中等多，具淡玫瑰香味，可溶性固形物含量为16.0%～17.4%，总糖含量为14.5%，总酸含量为0.25%～0.28%，品质上等。植株生长势中庸，早果丰产，极早熟（见彩图13-1）。

3）京香玉（Jingxiangyu）

欧亚种，二倍体。中国科学院植物研究所育成，亲本为京秀×香妃。在北京、江苏、安徽及浙江等地区有栽培。果穗大小整齐，圆锥形或圆柱形，双歧肩，平均穗重463.2克；果粒着生中等紧密，椭圆形，黄绿色，平均粒重8.2克；果粉薄；果皮中等厚；果肉脆，汁中等多，酸甜适口，具玫瑰香味，可溶性固形物含量为14.5%～15.8%，可滴定酸含量为0.61%，品质上等；每一果粒含种子1～3粒，多为2粒。植株生长势中等，早果性好，丰产，早熟，抗病性较强，耐贮运，浆果不掉粒、不裂果（见彩图13-1）。

4）早黑宝（Zaoheibao）

欧亚种，四倍体。山西省农业科学院果树研究所育成，亲本为瑰宝×早玫瑰。在我国西北、华北地区有栽培，是山西省设施促成及露地栽培的主栽品种。果穗圆锥形，平均426.0克；果粒短椭圆形或圆形，紫黑色，平均粒重8.0克；果皮中厚，较韧；果肉较软，汁多，味甜，具浓郁的玫瑰香味，品质上等；每一果粒含种子1～2粒。植株生长势中庸，早熟，丰产性强，抗病性中等，不裂果（见彩图13-1）。

5）维多利亚（Victoria）

欧亚种，二倍体。原产地罗马尼亚。由罗马尼亚德哥沙尼试验站育成，亲本为绯红×保尔加尔。果穗圆锥形或圆柱形，穗重

350.0～580.0克；果粒着生中等紧密，卵圆形，黄褐色，平均粒重9.5克；果皮中等脆，味甜，爽口，可溶性固形物含量为16.0%，可滴定酸含量为0.37%，鲜食品质优；每一果粒含种子多为2粒。植株生长势中等，结果枝率高，结实力强，丰产（见彩图13-1）。

6）绯红（Cardinal）

欧亚种，二倍体。原产地美国。亲本为粉红葡萄×瑞比尔。20世纪80年代曾经作为早熟品种在我国大面积推广，在西北地区表现好，现在北方各地有设施栽培。果穗圆锥形，平均穗重850.0克；果粒着生中等紧密，椭圆形，紫红或红紫色，平均粒重9.6克；果粉薄；果皮薄，较脆；果肉较脆，汁中等多，味甜，微有玫瑰香味，可溶性固形物含量为15.2%～16.8%，可滴定酸含量为0.45%，鲜食品质上等；每一果粒含种子多为2粒。植株生长势较强，浆果早熟（见彩图13-1）。

（2）中熟品种

1）巨峰（Kyoho）

欧美杂种，四倍体。原产地日本。由大井上康育成，亲本为石原早生×森田尼。在我国各地有大面积栽培。果穗圆锥形，带副穗，平均穗重400.0克；果粒着生中等紧密，圆锥形，紫黑色，平均粒重8.3克；果粉厚，果皮较厚；果肉软，有果囊，汁多，绿黄色，味酸甜，具草莓香味，可溶性固形物含量达16.0%以上，可滴定酸含量为0.66%～0.71%，品质中上等。植株生长势强，早果性强，浆果中熟（见彩图13-1）。

2）巨玫瑰（Jumeigui）

欧美杂种，四倍体。大连市农业科学研究院育成，亲本为沈阳玫瑰×巨峰。在全国各地均有栽培。果穗圆锥形，带副穗，平均穗重675.0克；果粒着生中等紧密，椭圆形，紫红色，平均粒重10.1克；果粉中等多；果皮中等厚；果肉较软，汁中等多，白色，味酸甜，具浓郁玫瑰香味，可溶性固形物含量为19.0%～25.0%，可滴定酸含量为0.43%，鲜食品质上等；每一果粒含种子1～2粒。植株生长势强，浆果晚熟；果粒大，外观美，成熟期一致，品质优良，抗逆性强（见彩图13-1）。

3）沪培1号（Hupei No.1）

欧美杂种，三倍体。上海市农业科学院林木果树研究所育成，亲本为喜乐×巨峰。果穗和果粒大小整齐；果粒着生中等紧密，椭圆形，淡绿色，平均粒重5.0克；果皮中厚；果粉中等多；果肉软，肉质致密，汁多，味酸甜，可溶性固形物含量为15.0%～18.0%，品质优；无核。植株生长势强，浆果中熟，抗病性强，不脱粒，不裂果（见彩图13-1）。

4）藤稔（Fujiminori）

欧美杂种，四倍体。原产地日本。亲本为红蜜（井川682）×先锋。在我国浙江、江苏、上海、安徽、湖北等地大面积栽培。果穗圆柱形或圆锥形，带副穗，平均穗重400.0克；果粒着生中等紧密，短椭圆形或圆形，紫红色或紫黑色，平均粒重12.0克以上；果皮中等厚，有涩味；果肉中等脆，有肉囊，汁中等多，味酸甜，可溶性固形物含量为16.0%～17.0%，品质中上等；每一果粒含种子1～2粒。植株生长势中等，早果性强，丰产稳产，浆果中熟（见彩图13-1）。

5）金玉指（Jinyuzhi）

欧亚种，二倍体。品种来源与亲本不详。果穗圆锥形，平均穗重450.0克，大穗重750.0克；果粒着生紧密，长椭圆形，黄白色，平均粒重5.9克，大粒重8.2克；果皮黄绿色；果肉较硬、脆，汁较少，有蜂蜜香味，可溶性固形物含量为18.0%～21.0%；每一果粒有种子0～3粒，多为1～2粒。植株生长势中等，抗病性较强。

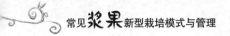

（3）晚熟品种

1）美人指（Manicure Finger）

欧亚种，二倍体。由日本植原葡萄研究所育成，亲本为优尼坤×巴拉蒂。果穗圆锥形，平均穗重600.0克；果粒着生疏松，尖卵形，鲜红色或紫红色，平均粒重12.0克；果粉中等厚；果皮薄而韧，无涩味；果肉硬脆，汁多，味甜，可溶性固形物含量为17.0%～19.0%，鲜食品质上等；每一果粒含种子多为3粒。植株生长势极强，浆果晚熟，抗病力弱（见彩图13-1）。

2）红地球（Red Globe）

欧亚种，二倍体。原产地美国。由美国加州大学奥尔姆育成，亲本为C12-80×S45-48。我国各地均有栽培。果穗圆锥形，平均穗重880.0克，穗梗细长；果粒着生松紧适度，整齐均匀，近圆形或卵圆形，红色或紫红色，平均粒重12.0克；果粉中等厚；果皮薄、韧，与果肉较易分离；果肉硬脆，汁多，味甜，无香味，可溶性固形物含量为16.3%，可滴定酸含量为0.50%～0.60%，鲜食品质上等；每一果粒含种子多为4粒。植株生长势较强，丰产，浆果晚熟，抗寒性较差，耐拉力极强，不易脱落（见彩图13-1）。

2. 酿酒、制汁品种

1）赤霞珠（Cabernet Sauvignon）

欧亚种，二倍体。原产地法国波尔多。我国酿酒产区广泛栽培。果穗圆柱形或圆锥形，带副穗，平均穗重175.0克；果粒着生中等紧密，圆形，紫黑色，平均粒重1.3克；果皮厚；果肉多汁，具悦人的淡青草味，可溶性固形物含量为20.8%～21.7%，总糖含量为19.45%，总酸含量为0.71%，出汁率为62.0%，品质上等；每一果粒含种子2～3粒。植株生长势中等，结实力强，易早期丰产，产量较高，浆果晚熟，适应性强，较抗寒，抗病性较强（见彩图13-1）。

2）雷司令（Riesling）

欧亚种，二倍体。原产地德国。德国酿制高级葡萄酒的品种。在昌黎葡萄酒厂酿酒原料基地有种植，山东省烟台地区栽培较多。果穗圆锥形，带副穗，平均穗重190.0克；果粒着生极紧密，近圆形，黄绿色，有明显黑色斑点，平均粒重2.4克；果粉和果皮均中等厚；果肉柔软，汁中等多，味酸甜，总糖含量为18.9%～20.0%，可滴定酸含量为0.88%，出汁率为67.0%，品质优；每一果粒含种子2～4粒。植株生长势中等，早果性较好，浆果晚熟，可酿制优质干白（见彩图13-1）。

3）贵人香（Italian Riesling）

欧亚种。为意大利古老品种。我国酿酒产区均有栽培。果穗圆柱形，带副穗，大小不整齐，平均穗重194.5克；果粒着生极紧，近圆形，绿黄色或黄绿色，有多明显的黑褐色斑点，平均粒重1.7克；果粉中等厚；果皮中等厚，坚韧；果肉致密而柔软，汁中等多，味甜，酸度小，可溶性固形物含量为22.0%～23.2%，可滴定酸含量为0.39%～0.65%；每一果粒含种子2～4粒。植株生长势中等，进入结果期早，丰产，浆果晚熟，抗病性较强（见彩图13-1）。

3. 砧木品种

1）SO4

北美种群内种间杂交种。原产地德国。由德国国立葡萄酒和果树栽培教育研究院选育而成。芽小而尖，梢尖，有茸毛，白色，边缘玫瑰红。幼叶有网纹，绿色或黄铜色；成龄叶楔形，色暗，微黄，叶波纹状，边缘上卷；叶片全缘或侧裂。锯齿凸，近于平展。叶柄洼开张呈"U"字形，叶柄与叶片结合处粉红色，叶柄与叶脉上有茸毛。新梢有棱纹，节紫色，稍有茸毛。叶蔓有细棱纹，光滑，只在节上有茸毛，深赭褐色。雄性花。植株生长势旺盛，初期生长极迅速，与河岸葡萄相似，利于座果和提前成熟，产条量大，易生根，利于繁殖，嫁接状况良好。

2）5BB

冬葡萄。原产地奥地利。源于冬葡萄实生苗。花序小。浆果小，圆形，黑色。芽拱形，不显著，梢尖、弯钩状，有茸毛，白色，边缘玫瑰红。幼叶有网纹状茸毛，黄铜色。成龄叶楔形，平滑，叶缘上卷；上表面几乎光滑无毛，叶脉靠近基部（与叶柄结合处）浅粉色；下表面和叶脉上有稀茸毛。叶浅3裂。锯齿凸，宽，接近平展。叶柄洼拱形。叶柄有极少茸毛，紫色。新梢有棱纹，节部有稀茸毛，紫红色。叶蔓有细棱纹，节部颜色略深，有稀茸毛。雌性花。植株生长势旺盛，产条量大，生根良好，利于繁殖。

3）贝达（Beta）

种间杂交。原产地美国。为河岸葡萄卡佛和美洲葡萄康可的杂交后代，在我国东北及华北北部地区作抗寒砧木栽培。果穗圆柱形或圆锥形，平均穗重142.0克；果粒近圆形，紫黑色，平均粒重1.8克；皮较薄，有草莓香味；可溶性固形物含量为15.5%，含酸量为2.6%。国内个别地方将其作为制汁品种。植株生长势极强，生长快，适应性强，抗病、抗湿、抗旱性强，特抗寒，在华北地区不埋土即可安全越冬，枝条扦插容易生根，嫁接亲和性好。

第14章　葡萄的育苗技术

扦插育苗是目前葡萄苗木繁殖应用最广而又简便易行的方法，多采用硬枝扦插育苗。此外，还有压条育苗、嫁接育苗等。

14.1　扦插育苗

1. 主要环节

（1）插条采集

插条采集多结合冬季修剪进行。剪条时要选植株健壮、无病虫害的丰产植株，剪取充分成熟、节间适中、芽眼饱满的1年生中庸枝条（粗0.7~1厘米）为插条，过粗的徒长枝和细弱枝均不宜作插条。插条一般采集有6~8个芽，在枝条数量不足时，芽数不够的也可。插条按照一定数量捆成一捆，做好品种标记。

（2）插条贮藏

贮藏插条和贮藏苗木一样，最忌湿度过大。插条的冬季贮藏一般采用沟藏，也可在室内做保温、保湿贮藏。贮藏温度在0~5℃，沙子湿度以手握成团、触碰可散开为度。在插条贮藏期间，应经常检查沙的湿度。

插条放沟中，一捆挨一捆摆好，一边摆一边用湿沙填满插条与插条之间、捆与捆之间的空隙，直至全部覆盖为止，寒冷时加厚覆

盖层。

（3）插条剪截

将插条从贮藏沟中挖出后，先在清水中浸泡24小时以上，使其充分吸水。然后按所需长度进行剪截，一般留双芽，顶端芽一定要充实饱满。在顶芽上距芽1厘米处平剪，下端在近芽0.5厘米处斜剪成马蹄形。

（4）插条催根

葡萄插条芽在10~12℃时即可萌发，而插条产生根则需要15~20℃的较高温度，因此一般扦插后往往先萌芽后生根，而且根生长缓慢。在春季露地扦插时，因气温较高，地温较低，往往刚萌发的嫩芽因水分供应不上而枯萎，影响扦插成活率。通常促进生根的方法是药剂催根：用于葡萄扦插生根的生长素主要有萘乙酸、吲哚乙酸、吲哚丁酸等，使用浓度均为50~100毫克/千克，将插条基部2~3厘米在药液中浸泡12~24小时；也可配成1000~3000毫克/千克的浓溶液，浸蘸3~5秒。此外，用中国林业科学院研制的ABT生根粉100~300毫克/千克溶液浸泡4~6小时，生根效果也很好。

（5）土壤选择

要求土壤疏松，透气性好，肥力好。

2.单芽扦插育苗

在葡萄枝条比较缺乏时，单芽扦插可以节约繁殖材料。一般露地扦插育苗，每亩出苗8000株左右；而用单芽扦插法，结合营养袋育苗，每亩约可繁育10万株以上，成苗率高，出圃快。单芽扦插的技术要求比双芽扦插高。单芽扦插的主要技术要点如下。

（1）温度控制

常利用温室、阳畦作苗床，白天气温控制在20~35℃，夜间维持在15℃以上。

（2）营养土配制

最重要的一点是透气性好。一般沙：土：腐熟有机肥=1：1：1。

（3）制作营养袋

用市场上卖的筒状塑料膜制成长16厘米、宽8厘米小营养袋，底上剪一小孔，以利排水。

（4）装袋

将营养土装入袋内，夯实，土面距袋口约1.0厘米，然后将营养袋整齐地摆在育苗场地，浇透水。一般每平方米可放300袋。

（5）插条

将优良葡萄品种的成熟度好、芽眼充实的枝条剪成芽段，芽眼的上方1厘米处平剪，芽眼下方留长些，斜剪成马蹄形。将剪好的芽段直插在营养袋里。扦插前用生根粉处理，可提高成活率。

（6）管理

袋内土壤水分含量保持在60%左右。根据袋内含水情况，适时浇水，严防大水漫灌。若土壤过湿、透气差，则插条不生根。在生长期，如果营养不足，可以喷叶面肥。

（7）炼苗

苗长到20厘米左右时即可定植。温室或大棚内育苗必须炼苗后才能移到大田栽培。

14.2　嫁接育苗

嫁接育苗技术有绿枝嫁接和硬枝嫁接两种，国外多采用硬枝嫁接，国内则多采用绿枝嫁接。嫁接育苗的优点很多，随着葡萄规模化栽培的发展，嫁接育苗将成为葡萄栽培发展的趋势。

1. 绿枝嫁接

葡萄绿枝嫁接育苗，是以抗寒、抗病、抗旱、抗湿的种或品种作砧木，在春夏生长季节用优良品种半木质化枝条做接穗嫁接繁殖苗木的一种方法。此法操作简单、取材容易、节省接穗、成活率高（85%以上），是我国东北地区采用较多的育苗方法。当砧木和接穗均达半木质化时，即可开始嫁接。接穗应选取生长健壮的半木质化的枝条中部的饱满芽，以提高嫁接成活率。在浙江以4月嫁接为宜，此时的气温利于砧穗愈合与生长。如果嫁接期间温度低于20℃，则影响成活率。嫁接方法可采用单芽枝劈接或腹接。

嫁接一般需要选择抗性砧木，国内用得少。国外采用较多的是抗根瘤蚜砧木，如5BB、SO4等。国内采用较多的有抗寒砧木山葡萄、贝达，抗旱砧木龙眼等。砧木苗除利用其种子繁育外，也可利用其枝条插条。山葡萄枝条生根较困难，需经生根剂处理与温床催根相结合效果才理想。

2. 硬枝嫁接

利用成熟的1年生休眠枝条作接穗，1年生枝条或多年生枝蔓作砧木进行嫁接为硬枝嫁接，常用于繁殖新品种、稀有名贵品种苗木及改造劣质品种葡萄园。硬枝嫁接也多采用劈接法。接后置25～28℃温床上进行愈合处理，方法同插条催根，经15～20天即可愈合，部分砧木长出幼根时便可在露地扦插。将砧木从接近地面处剪截，用劈接法嫁接。如砧木较粗，可接2个接穗，关键是使形成层对齐。接后用绳绑扎，砧木较粗，接穗夹得很紧的不用绑扎也可以。然后在接芽处插上枝条作标记，培土保湿。20～30天即能成活，接芽从覆土中萌出，进行常规管理即可。

硬枝嫁接一般在休眠期进行。萌芽后进行嫁接的应注意防止伤流。

14.3 营养袋育苗

1. 葡萄营养袋育苗的特点

①成苗快，可当年育苗、当年定植。

②规模大，可进行集约型大规模育苗。

③周期短，成本低。

④通常在日光温室中进行。

2. 主要环节

（1）装营养袋

①在日光温室中进行。

②选择口径为5~8厘米、高12~15厘米、下有透水孔的营养袋。

③将营养土填充在营养袋中，整齐、紧密地摆放在育苗池中，一般每平方米400个左右。

④营养土配制为沙：疏散土：充分腐熟有机肥=1：1：0.5，混合均匀。

⑤育苗池宽1~1.5米，以扦插、管理方便为宜。

⑥在扦插前装好营养袋。

（2）剪插条

①时期：2月下旬至3月上旬。

②将种条剪成单芽或双芽插条，上剪口距芽1厘米左右，平剪，下剪口斜剪，插条长度为8~12厘米。

③剪后基部对齐，一定数量的插条捆成一把。

（3）浸泡枝条

剪后将插条在清水中浸泡8~12小时，使插条吸足水分。

（4）生根剂处理

市售生根剂配成1000倍，在插条摆放到温床前蘸插条基部。

（5）电热催根

①催根温床的铺设：用市售农用电热线，每根长100米，功率800瓦，呈"弓"字形来回布线，线与线间距3～5厘米，注意不要交叉。

②温床最下层铺5厘米厚的隔热层，再铺3～5厘米厚的沙子，在其上布电热线，布线后再铺5～7厘米厚的沙子。

③将经生根剂处理后的插条整齐竖直排放在电热温床上，进行加温催根。

④催根床要保持湿度恒定，温度控制在25～30℃，要插温度计观测，也可用自动控温仪进行温度自动调控。室温控制在10℃以下，避免发芽。

（6）扦插

①当插条基部产生白色愈伤组织时，就可将插条插入营养袋中，顶芽和袋面相平。

②注意在扦插前将营养袋灌足水。

③温室白天温度控制在20～30℃，夜晚不低于10℃。

（7）管理

①保持袋内湿度适当，不能积水，出叶后生长弱，要进行叶面喷肥（0.3%尿素及磷酸二氢钾溶液）。

②及时进行病虫害防治，及时除去杂草。

（8）炼苗

①当苗长至具3～4片叶时，在定植前10天就进行炼苗。

②炼苗要循序渐进，逐步实现室内环境和室外环境相一致，使扦插苗适应外界环境。

（9）出苗定植

当外界气温达到10℃以上、完全无霜冻时就可按照一定的株行距直接定植到大田，定植后灌透水。

第15章 葡萄的现代栽培技术模式及管理

栽培模式多样化是未来中国葡萄产业发展的重要特征之一。设施促早栽培与延迟栽培、避雨栽培、一年两收模式和都市休闲观光等多种栽培模式发展迅速，使葡萄生产效益进一步提升。设施促早栽培与延迟栽培不仅有助于延长葡萄供应时期，而且能在一定程度上提升应对自然灾害的能力。避雨栽培不仅可减少葡萄病害，提高产量和收益，而且能有效扩大品种种植区域。同时，随着现代都市农业和旅游观光农业的发展，在城市近郊葡萄栽植地区出现的旅游观光型、庭院型、庄园（酒庄）式葡萄园等模式也得到了进一步发展。

葡萄设施促早栽培与延迟栽培是指在日光温室、塑料大棚等设施栽培条件下，以环境调控为基础，改变葡萄生长过程中的温度、湿度、光照等环境因子，在满足葡萄生长积温需求的基础上，辅之以整形修剪、化学调控，使葡萄提早或延迟成熟的栽培技术。按传统的"春华秋实"的理念，将春、夏和初秋季节设施条件下成熟的葡萄栽培模式划入葡萄设施促早栽培范畴，将深秋和冬季设施条件下成熟的葡萄栽培模式划入葡萄延迟栽培范畴。葡萄设施促早栽培与延迟栽培具有调控产期、实现常年供应、高效等优势，近年来在我国发展较快。日光温室因蓄热保温能力强，在葡萄设施促早栽培与延迟栽培中应用最为广泛。

15.1　设施促早栽培

1. 促早栽培技术措施

葡萄设施促早栽培技术能够有效提早葡萄生长物候期，是反季节和特殊区域鲜食葡萄生产的一种重要的栽培形式，具有高投资、高效益的特点（见彩图15-1）。光合作用和温度是影响葡萄花芽形成、成花及受精过程的重要因素，因为光合作用为葡萄成花生理过程提供能量，而在葡萄受精过程中，蔗糖供应不足是导致花粉败育的主要因素。促早栽培的具体措施为在大棚内设置增温炉2座，分别砌制在大棚东西向的1/4处和3/4处，每天2：00、8：00和20：00进行人工加火增温，可以使葡萄初花期提前30天，果实成熟期提前50天。

2. 促早栽培抚育管理技术

（1）修剪管理

修剪是葡萄管理中的一项重要内容。采用单壁直立式整形，每株选留1～2条强壮的新梢作结果母枝（萌芽率较高、结果枝率较高、结果系数高的品种留1条强壮的新梢作结果母枝），直立引缚到架面，当新梢长到1米时摘心，只留顶端1～2个副梢，每次留3～4片叶反复摘心，秋季时即可长至2米，冬剪时结果母枝留5～8个芽（视品种不同而定），短剪。

（2）扣棚管理

早霜来临时即可扣棚，扣棚前5～10天浇透水。10月施基肥，每亩施腐熟有机肥4000～5000千克，并配合速效氮磷钾肥一并施入。

（3）休眠期管理

扣棚后立即上棉被，避免棚内高温。前期采用白天盖棉被、夜间揭棉被的方法，保持温室内的温度在0～7.2℃；随着天气转凉，逐渐改为白天揭棉被、夜间盖棉被，但白天温度不能超过7.2℃，夜间温度可以略低，但地温不能低于-5℃（以免根系受冻）。一般葡萄在0～7.2℃下1200小时即可通过休眠，早熟品种约600小时，不同的品种表现不一。

（4）升温管理

休眠期结束后即可升温，打破休眠，也可以用添加石灰氮的方法提前打破休眠。升温在11月下旬至12月上中旬，视品种而定。升温前铺地膜提高地温，升温主要也是通过揭盖棉被进行，逐渐升温，每天升1～2℃，逐渐升至白天22～25℃、夜间12～15℃，保持这样的温度管理直至发芽。

（5）萌芽至花前管理

开始萌芽时，在膜下小沟灌水，灌水量不可过大。萌芽后采取低温管理，白天18～22℃，夜间10～12℃，湿度70%～80%，防止徒长。葡萄在温室内极易徒长，特别是葡萄萌芽至新梢长30厘米左右这一生长期，徒长不仅影响当季的正常生长，还影响第2年结果母枝的质量。开花前浇一次小水，并喷施叶面肥（尿素或磷酸二氢钾0.2%～0.3%液肥），温度管理为白天25～28℃，夜间12～15℃，湿度60%～70%。轻轻摇动花序有利于授粉。花后再浇一次水。部分品种激素无核处理在此期间进行。无核品种在花后10天左右、浆果膨大时喷施赤霉素（920）。

（6）浆果膨大期至采收期管理

1）温、湿度管理

采取大温差管理，白天25～28℃，不能超过30℃，夜间12℃左右，阴天白天22～25℃，夜间10～12℃，直至揭棚。尽可能通过栽培管理降低湿度，防止病害发生。放风换气排湿应在中午进行，阴天也需进行。

2）水肥管理

花后20天左右浆果膨大时浇水一次，浆果上色软化时浇水一次，揭棚后水分管理与大田一致。结合花后水每亩施尿素50千克，上色成熟前每亩施硫酸钾50千克，叶面肥在空气湿度不大的情况下可多次喷施。

3）树体管理

每个结果母枝选留1个结果枝（萌芽率较高、结果枝率较高、结果系数高的品种留2个）、1个预备枝（一般也可以不留，当年的结果枝留作翌年的结果母枝）。花后留7～8片叶摘心，只留顶端1个副梢，每次留4～5片叶反复摘心，5月中下旬对二次副梢短剪，可以形成二次果（二次果的管理同大田），控制树体高2米以下。

15.2　设施延迟栽培

用半冷式温棚设施，可使晚熟鲜食葡萄品种，如红地球、秋黑、美人指等延迟成熟，避开露地葡萄集中在7月下旬至9月底供应的时期，提高葡萄的经济效益。半冷式温棚是一种南北延长、长120米、宽16米、脊高4.2米的钢架结构体，用自动卷帘装置，通过蒲苫覆盖来调节棚内温度的一种大型简易设施。具体技术措施是：在春季（4—5月）气温不断回升的情况下，为了防止棚内温度回升，延缓葡萄萌芽，整个大棚覆盖蒲苫，棚顶打开通风口，夜间两侧蒲苫和塑料膜卷起80～100厘米，加强通风，促使夜间降温，白天放下两侧蒲苫，防止白天升温，降低棚内温度，最大限度地推迟葡萄萌芽，达到推迟物候期的目的。在葡萄生长期（6—9月），将蒲苫和塑料膜卷到棚顶，在棚上覆盖遮阳网，降低棚内光照辐射强度，降低棚内气温，预防葡萄日烧，延长葡萄生长期，在葡萄转色期以后，逐步撤去遮阳网，提高光照，增加葡萄上色和糖分积累。在早霜来临之前（10月初），首先覆盖塑料薄膜，防止早霜危害，当气温继续下降时，夜间覆盖蒲苫保温，维持葡萄正常生长。同时，在葡萄生长期内，需行间铺设塑料地膜，降低棚内湿度，预防病害发生，减少农药使用，实现无公害生产之目的。

通过调节半冷式温棚蒲苫的覆盖程度可以满足葡萄生长各个时期所需。在葡萄休眠期，为防止枝条过度失水而影响正常生长发育，空气相对湿度应维持在90%左右，以保证枝条不被抽干。在葡萄萌芽期，要求空气相对湿度达90%，以保证萌芽整齐。在花期，则要求空气相对湿度达50%，尽量降低空气湿度，禁止浇水，防止造成落花落果。在果实生长期，则要求空气相对湿度控制在50%~60%，以使葡萄正常生长和成熟。通过行间铺设塑料地膜和适时通风，可以满足葡萄生长所要求的湿度。在休眠期间，前期棚内相对湿度一般都保持在90%以上，最高能够达到96%，随着时间的推移，相对湿度呈下降趋势；在葡萄生长期间，去棚膜后，相对湿度与大田相似，相对湿度保持在50%~80%；秋季扣棚后，相对湿度又有所提高，保持在70%~90%。

通过设施延迟栽培技术，不仅可以推迟葡萄萌芽、开花、结果、成熟、采收，而且还可以延长葡萄生长期，满足晚熟品种对较高积温的需求，确保晚熟品种充分成熟，提高葡萄品质。实践表明，通过扣棚降低棚内温度可以使葡萄推迟萌芽4天，推迟开花（盛花期）4天；同时，采取遮阳网等措施，可使葡萄转色期推迟16天，成熟期推迟63天，采收期推迟83天，达到延后的目的。

 ## 15.3　设施避雨栽培

避雨栽培是南方高温多雨地区防止和减轻葡萄病害发生、提高葡萄品质和生产效率的一项重要措施。葡萄果实成熟季节，遇上阴雨连绵的天气，会导致葡萄病害严重发生，烂果较重，对葡萄的生长、产量及品质均造成极大的影响，制约着葡萄产业健康发展。为了解决此问题，葡萄主产区的一些地方采用了搭建避雨棚的栽培方式，成为防治病害、防止烂果、提高葡萄产量和品质的行之有效的措施。

1. 葡萄避雨设施构建

利用钢架大棚作为避雨设施（见彩图15-2），大棚跨度一般为6~7米，棚顶高3.2~3.5米，棚内种植2行葡萄，葡萄架采用平棚架，用作避雨设施的棚膜可在葡萄萌芽前进行覆膜，也可在4月上中旬覆膜。此结构用于连片避雨栽培。避雨棚的建造要求较高，成本相对较高。根据情况决定园内立柱排列，一般每2行种植行建1个避雨棚，园内水泥立柱间距4米×6米，高出地面2米，底部用混凝土浇灌牢固，顶端要确保在同一水平面，用钢架焊接相连。避雨棚顶部采用钢管拱形焊接，拱顶高1.5米左右，拱架每隔0.8~1米焊接1根钢管，拱棚顶部用顶拉管连接固定，平棚架建拱棚钢管上，在拱棚钢管之间，每0.5米拉一道铁丝成架面。每个避雨棚间设置出水槽，出水槽可用塑料水槽，水槽固定位置略高于水泥立柱，整个避雨棚四周用地锚加以固定。避雨葡萄栽培品种的选择，必须根据品种的适应性、优质性、丰产性、抗逆性以及各地的市场销售情况、管理技术水平等综合因素来考虑。欧美杂种葡萄比较适应暖湿气候，抗病性相对较强；欧亚种葡萄在多雨、高温、高湿地区极易发病，抗逆性差，但品质优。因此，欧亚种葡萄成为避雨栽培首选品种，不能采用露地栽培，否则病害的发生就很难控制。目前选用的欧亚种葡萄品种有红地球、美人指，欧美杂种有金手指等。

2. 葡萄避雨丰产栽培技术要点

（1）园地选择

果园要选择地势较高、平坦开阔、土层深厚、地下水位在地面80厘米以下、排灌和交通方便的田地或园地。围沟深60厘米，宽80

厘米；腰沟深50厘米、宽60厘米；畦沟深25厘米、宽30厘米。做到雨后沟干，不积水。

（2）整畦与施肥

平地整地做畦，畦宽130厘米，高30～35厘米，开种植穴，行距4米，株距2米，每穴施腐熟有机肥（猪、牛、鸡、鸭等粪便、土杂肥等）10～20千克、钙镁磷1千克。山地要挖深0.6米、宽1.0米的定植沟，每亩施有机肥5000千克、钙镁磷50千克作基肥。肥料要与土壤均匀混合。每年深翻畦边一侧，第二年另一侧，逐渐使全园土壤深翻，一般在秋季进行。

（3）定植

选择根系发达、枝干粗壮、芽眼饱满、无病虫害的1年生苗木，在2月定植，并浇足定根水，提高成活率。

（4）覆膜

避雨设施只在平棚架上的拱棚上覆膜。两棚之间留35厘米左右间隙，棚内地面铺白色地膜，克服棚内空气不流通、湿度过大、光线减弱等问题，使空气对流畅通，增加透光与散光，通风散热消雾，进一步减少病害发生，使葡萄年年丰产、优质。4月上中旬，葡萄出现花序时进行覆膜，覆膜后需扣压膜线，每个拱棚间压一条压膜线，以防大风。7月上旬，葡萄转色时要围上防鸟网，防止鸟害。9月中旬，采果后立即揭膜，以减轻长期覆盖对树体花芽分化的影响。

（5）栽植整形修剪

当年待幼树植株长到60厘米高时进行摘心促壮。摘心后长出的一级副梢，除顶端留一个，让其继续延长外，其余副梢只留两片叶，并进行摘心。待顶端一级副梢长到60厘米时再摘心，以后每级副梢管理同上，长至棚架时在架面上留两芽摘心，让其长出两条新梢，向两侧水平生长，成"T"字形树形。

（6）结果树修剪

冬季修剪可以根据葡萄生长习性，红提和美人指要以中长梢修剪为主，每平方米留3～4条粗壮成熟蔓；夏季修剪为萌芽后及时抹芽和定梢。抹除双芽、弱芽及密集芽，留足所需的结果枝和营养枝，将多余的枝条抹掉。每亩产量控制在1250千克，每亩留结果蔓2500～3000条、预备蔓800～1000条，既保证了当年葡萄的产量和质量，又稳定了翌年花量和产量。结果枝在花穗上留5～6片叶摘心，要在花期后进行，摘心后顶端长出的副梢，除留2个顶端副梢上的3～4片叶生长外，花穗以上副梢留1～2片叶反复摘心，花穗以下全部抹除，并及时掐去卷须。

（7）除副穗、掐穗尖、留足花穗

开花前去除副穗，原则上一枝留一穗，弱枝不留穗；在开花后选择座果好的果穗，剪去座果差的，争取在3天内完成；去除副穗，掐去1/5穗尖。

（8）套袋管理

避雨栽培切断了借助雨水传播病害的途径，再结合果实套袋，减轻了农药的污染，有利于生产无公害葡萄。可选择高档、白色、消过毒的纸袋做成250毫米×390毫米套袋。5月下旬（果粒达黄豆大小时）开始套袋，套袋时把果穗轻轻放入袋内，然后用细铁丝把袋口束紧即可。但采前7～10天要脱袋，使其着色良好，提高商品性能。

（9）肥水管理

要增施有机肥和磷钾肥，提倡多施用腐熟的畜禽有机肥。追肥的氮、磷、钾比例要达到1∶0.8∶1.2，用量可以比同品种露地栽培适当减少；浆果膨大肥和着色肥的用量基本同露地栽培。另外要注重叶面肥的使用，可以有效解决叶片较薄、叶色较淡的问题。基肥：除在定植前施足外，在采收后至10月，每株还需施有机肥20千克、过氧化钙1千克、三元复合肥0.1千克，促进树势恢复，利于枝条成熟，促进花芽分化；芽前肥：每株施三元复合肥0.5千克，促进新梢生长和花穗生育；花后肥：每株施三元复合肥0.1千克，促进幼果和新梢生长；转色肥：在7月上旬每株施三元复合肥0.15千克、硫酸钾0.1千克，促进果实二次膨大，增加糖度和果肉硬度，并促进枝条成熟。

葡萄需水量较大，由于避雨栽培，土壤水分管理显得尤其重要。要根据土壤墒情和葡萄生长情况及时灌水，特别在萌芽期、果实膨大期如遇土壤含水量偏低，要及时补水，采用滴灌较好，可节约用水，更有利于控制补水量。同时雨季注意排水，旱季注意灌水，采前要控制水分。防止裂果，增加果实含糖量，提高品质。

（10）病虫害防治管理

采用避雨栽培后，枝叶果病害减轻，但也不可不防，特别是靠近大棚四周常受到雨水、大风袭击的部位常发生各种病害。主要发生的病害有黑痘病、白腐病、穗轴褐枯病、霜霉病等。除加强田间栽培外，还需喷药防治，要按照无公害葡萄标准化生产技术病虫害防治措施进行操作。萌芽前夕，用波美5度石硫合剂喷施，全面消毒，降低越冬病菌数；展叶期、花蕾期用速克灵或施佳乐等药剂防治灰霉病；落花后用世高药剂防治白腐病、穗轴褐枯病、炭疽病等病害；特别是在套袋前要喷一次广谱杀菌剂，待果面干后方可套袋；采果撕膜后还要注意防治霜霉病、锈病、褐斑病等病害。虫害主要是葡萄天蛾，可在6月上旬用杀灭菊酯喷施两次。

🍇 15.4 一年两收栽培

通常情况下，葡萄为一年一收，下半年的土地资源、光照与温度无法被利用，造成浪费。下面以巨峰葡萄为例，对一年两收栽培

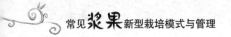

技术进行简要介绍。

1. 适时修剪与破眠催芽

（1）冬剪与春季催芽

葡萄冬剪大多在大寒后至立春间进行。冬剪通常使用中梢修剪的方式进行，每条枝条留芽至4～6个，每亩留母枝3000～3200条，主要减去病虫枝、未成熟枝与过密枝等。破眠催芽主要在2月下旬至3月上旬进行。当气温达到12℃以上时，将50%单氰胺溶液稀释20倍，然后使用洁净的棉花蘸浸该液体，均匀地涂抹在母枝上的2～3个芽上（顶端的1个芽除外）。在整个过程中，应当避免药液与皮肤的直接接触，因此需要佩戴橡胶手套进行相关操作。通过早春破眠催芽处理的葡萄枝芽显得更为整齐，夏季葡萄也能够提前7～10天成熟。

（2）夏剪与二季催芽

葡萄夏剪通常在夏造果收获后的15～20天进行，即为7月25日至立秋前。夏剪即是对葡萄园实施全落叶修剪，修剪掉所有的春夏季营养枝与结果枝，每亩留枝4500～5500条，每条枝条留芽5～7个。在修剪后的1～2天，使用与春季相同浓度的破除休眠药剂及涂抹办法，涂抹至顶端的1个饱满芽。经过5～7天，如遇到干旱天气，则应对葡萄园进行一两次灌水，或在每天上午对葡萄枝条喷洒清水，以达到快速萌芽的效果。

2. 枝蔓管理与疏花疏果

（1）抹芽留枝与绑蔓

将葡萄园的目标产量定为每亩夏果1600～1800千克，冬造果900～1100千克，依此进行枝蔓管理。为确保下半年葡萄栽培留有足够的枝条数，则应在葡萄园冬剪时确保每亩留有结果母枝3000～3200条，夏季葡萄园的营养枝与结果枝达到每亩5000～5500

条。当春季葡萄的新生枝芽生长至6厘米时，或能够看见花穗时，则进行抹芽定梢处理，对部分病虫枝、过密枝以及细弱枝进行相应剪枝处理，再将营养枝与果穗枝按一定的距离固定于架线之上。在收完夏造果后，进行夏剪，完成夏剪后，二季葡萄的新枝芽长出5～7厘米时，同样需要进行抹芽定梢，及时除掉双芽中的弱枝，二季葡萄园中营养枝与结果枝要确保达到每亩4500～5500条，通常情况下不需要进行花穗枝的疏除。

（2）疏花疏果

依据葡萄的目标产量以及该葡萄园的实际情况，完善疏花疏果的相关工作。疏除花穗通常在开花前的5～7天完成，依据弱枝不留、中庸枝一穗、强枝两穗的原则进行相关工作，严格剔除不良花穗。二次疏除花穗定在盛花后至青果出现的时期，依据每亩留4000～4500串果穗的要求，对病虫穗、弱小穗进行疏除。二季栽培的葡萄果实的承载量相对较小，因此一般不进行疏花疏果处理，但是对于部分肥水条件充足的葡萄园，依旧可以进行疏花疏果，从而提高葡萄品质。

3. 肥水管理

（1）基肥

基肥的施用分2个时期：施用冬基肥的主要目的在于为夏造果打下基础；施用夏基肥的主要目的在于为后续的冬造果打下基础。基肥的主要成分包括鸭粪、鸡粪或牛羊粪等，以饼肥、复合肥为辅助，此类化肥需要经过25～30天的高温堆沤发酵才能够施用。

（2）萌芽肥

萌芽肥的主要作用在于确保葡萄萌芽整齐，以及后期的促花壮花。萌芽肥的施用时间大致在葡萄芽膨大前的7～10天，每亩施用稀沼气液肥800～1000千克、硼砂2～3千克，混合淋施；或者将三

元复合肥与硼砂（按质量比5∶1）混合施用。随着科技的不断进步，葡萄能够像水稻一样，实现1年2次收获。随着种植技术的不断完善，由双季栽培所得的葡萄质量也将得到极大的提升，含糖量逐渐提高，产量快速增长。

第16章　葡萄的病虫害及其防治

16.1　真菌病害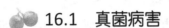

1. 葡萄霜霉病

为常见的真菌性病害，多发生在空气潮湿、土壤湿度大的季节。

（1）危害症状

叶片：叶片背面病斑部位多形成幼嫩、密集、白色的似霜霉层，后期叶依次变灰白色、黄褐色或红褐色而干枯。

花序：花序表面形成灰白色的似霜霉层。

果粒：病幼果变成灰色，果粒和果柄表面生成白色霉菌。

（2）防治措施

①除了感染源，病菌多在病株上或随落叶进入土壤过冬，晚秋结合冬季修剪时，要彻底剪除病枝，并将枯枝落叶清扫在一起后烧掉。生长期内要加强夏季修剪，剪掉过于密集的枝叶，使枝叶能够保持一定的比例，控制好种植的密度，加强湿度的调控，注意排水。要施加有机肥以及多元复合肥，注意不要施加过多的氮肥。

②药剂防治：这种病主要以预防为主。可以在发病前喷施1∶0.7∶200的波尔多液两三次；发病初期，喷40%疫霉灵200～300倍液、20%甲霜灵或40%甲霜铜400～600倍液，上述药剂交替使用，一般每隔10天左右喷1次，也可根据发病情况连续喷药两三次。

2. 葡萄白腐病

又称水烂病、穗烂病，是危害葡萄的主要病害之一。在高温高湿的季节发生严重，常造成葡萄大幅度减产，造成的损失较大。

（1）危害症状

果穗：最初显现为浅褐色、近圆形的病斑，后面会发展成近似长条状；发病部位用手搓会脱皮，并且伴有酒味；果实会变软烂且先变成黄褐色，再变成乳白色，脱落严重。

枝梢：呈现浅褐色、形状规则的病斑，后面会发展成褐色凹陷。

叶片：在叶片边缘处发病，刚开始呈现浅褐色、水渍状、近圆形的病斑，后扩大成圆形或近圆形的同心轮纹。

（2）防治措施

①强修剪，剪除枯枝、病枝、病果，彻底清扫干净并销毁。适当提高结果部位，减少病菌感染。及时摘心、绑蔓、疏剪副梢，除掉杂草，增加通风透光。施加磷钾肥，提高葡萄的抵抗病菌能力。

②药剂防治：冬季清园可喷波美3～5度石硫合剂；发病初期可喷70%甲基托布津800～1000倍液，或70%代森锰锌600～800倍液等，每10～15天喷1次，连续喷两三次。

3. 葡萄灰霉病

俗称烂花穗，是目前设施栽培中比较常见的一种病害，多在潮湿多雨、气温不太高的天气条件下发生。

（1）危害症状

病害部位呈现淡褐色、水渍状。如果空气潮湿，病害部位还会长出鼠灰色霉状物。

（2）防治措施

①彻底清园，及时清除病残枝上越冬的菌核，并集中销毁。春季发病时出现的病花穗也要及时剪除，减少再次侵染。搞好通风透

光，及时修剪过密枝蔓，注意控制好温、湿度。合理施肥，控制速效氮肥的使用，增施磷钾肥，防止出现徒长。减少虫害和人为因素对植株的损害。

②药剂防治：开花前后要及早喷药预防，可喷70%甲基托布津800倍液，或50%多菌灵500倍液，或50%苯菌灵1500倍液，连续喷两三次。

4. 葡萄黑痘病

为真菌性病害，是发病比较早的一种病害。

（1）危害症状

幼果：病害处出现黑褐色的圆斑点，后面渐渐扩大，颜色变为灰白色，且周围为深红色。

叶片：发病时会出现针头大小的褐色斑点，后期病斑中心组织死亡并脱落。

新梢、叶柄和卷须：受害处先发生褐色小圆点，后病斑渐扩大成不规则状，病斑周缘深褐色或紫褐色，中心灰白色凹陷。

（2）防治措施

①生长期内及时剪除病枝病果，冬季修剪后要彻底清园，清除枯枝、病枝、落叶、烂果等，集中烧毁或深埋。加强管理，及时绑蔓、摘梢、除草，改善通风透光状况；避雨栽培；合理施肥，多施有机肥，增施含氮、磷、钾及微量元素的全肥，勿偏施氮肥。

②药剂防治：喷药要早，展叶前喷波美3～5度石硫合剂，展叶后喷1∶0.7∶200的波尔多液、70%甲基托布津1000倍液或50%多菌灵800～1000倍液，每隔10～15天喷1次。

5. 葡萄白粉病

主要危害果实、叶片和新梢蔓等绿色部分，是葡萄栽培中重要病害之一，一般在天气干燥的季节严重发生。

（1）危害症状

叶片：叶片的正面和背面均有灰白色白粉斑，白粉可以用手抹去，叶片表面有黑色的网状纹。

新梢与卷须：覆盖白粉，到后期白粉下会形成不规则的褐色斑点，质地变脆且枯萎。

幼果：表面覆盖白粉，果实停止生长，甚至变畸形。

（2）防治措施

①结合修剪，剪除病蔓、病叶、病芽、病果，清除或减少病菌来源。加强管理，及时摘心，疏剪过密枝叶和绑蔓，同时加强通风透光，合理平衡施肥。特别是要通过加强温度和水分的调节，创造适宜小气候，有效防止病害发生。

②药剂防治：开花前、花谢后至套袋前是白粉病防治的关键时期。发芽前应喷1次波美3～5度石硫合剂，以铲除过冬病菌；发病初期应喷1∶0.5∶200的波尔多液，或70%甲基托布津1000倍液，或25%粉锈宁1000倍液等。

6. 葡萄炭疽病

主要危害果实，也可以危害新枝、叶柄、穗柄、穗轴、果柄等。

（1）危害症状

对于幼果，果实的表面出现圆形、黑褐色的病斑；对于成熟的果实，果面会开始着色，果肉会产生褐色的病变，到后期病变的部位出现粉红色的孢子团，且病变部位处于失水状态，最后会变成僵果。

（2）防治措施

①结合修剪，剪去病枝，对果园进行清理，把枯叶、落地的果穗等集中深埋或烧毁。对葡萄采取避雨栽培，及时处理掉不必要的枝条，增加通风和透光性。增施磷钾肥，后期不施氮肥。采用滴灌

的方式灌溉。

②药剂防治：葡萄萌芽前，喷波美3～5度石硫合剂，铲除越冬菌源。空气湿度大时，每隔10天左右喷1次药。

16.2 生物病害

1. 蓟马

（1）危害症状

以若虫和成虫危害枝梢、幼叶、果实等幼嫩组织，造成嫩叶失绿，甚至干枯穿孔，新梢生长受到抑制，外果皮常形成纵向褐色锈斑，影响产品品质。

（2）防治措施

①在虫休眠期内，及时清除枯枝落叶和田间杂草。利用小花蝽、姬猎蝽等天敌抑制蓟马。

②药剂防治：开花前，喷40%乐果乳油1000～1500倍液，或10%吡虫啉2000～3000倍液，或50%敌敌畏乳油等。

2. 葡萄短须螨

（1）危害症状

以雌成虫在枝蔓翘皮下、根颈处以及松散的芽鳞茸毛内等荫蔽环境群集越冬。仅危害葡萄，主要危害嫩梢、叶片、果穗等，发生时常造成叶片干枯早落，果粒锈色开裂，使得其酸度升高，严重影响葡萄品质和产量。

（2）防治措施

①冬季清园，剥除枝蔓上的老粗皮并销毁，消灭越冬雌成虫。进行合理的种植，防止太过于密集而使得虫源清理不干净。

②药剂防治：春季葡萄上架后，喷波美3度石硫合剂和0.3%洗

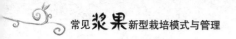
衣粉的混合液。生长季节喷波美0.2～0.3度石硫合剂，或40%乐果乳油1000～1500倍液，或2.0%阿维菌素4000倍液等。

3. 葡萄虎天牛

（1）危害症状

幼虫危害枝蔓，被害部表皮稍隆起变黑，虫粪排于髓道内，表皮外无虫粪。幼虫蛀入木质部后被害处极易被折断。成虫亦能咬食葡萄细枝蔓、幼芽及叶片。

（2）防治措施

①秋季修剪时将病枝、枯蔓剪掉，彻底烧毁，必须保留的大枝蔓可在蛀孔口塞入敌敌畏棉药球毒杀越冬幼虫。

②药剂防治：掌握成虫产卵与幼虫孵化期，于卵孵化期连续喷80%敌敌畏1000倍液或40%乐果800倍液2次，间隔期为7～10天。

4. 葡萄透翅蛾

（1）危害症状

透翅蛾主要危害枝蔓，初龄幼虫蛀入嫩梢，后转至较为粗大的枝蔓中为害，被害部肿大成瘤状，造成叶片及果穗枯萎、果实脱落。

（2）防治措施

①越冬前剪除被害枯死枝蔓，集中烧毁。6—7月经常检查嫩枝，发现被害枝及时剪掉烧毁。被害老蔓用小刀削开蛀孔，用棉花醮敌敌畏5倍液塞入虫孔内，而后用黄泥封堵，毒杀幼虫。

②药剂防治：在成虫羽化产卵期每隔10天左右喷药1次，防治孵化的幼虫。喷布药剂有20%速灭杀丁乳油3000倍液等。

5. 葡萄虎蛾

（1）危害症状

虎蛾的幼虫咬食嫩芽和叶片，常有群集暴食现象，严重时叶片被吃光，也能咬断幼穗的小穗轴和果梗，影响葡萄的生长发育，导致产量降低。

（2）防治措施

①消灭越冬蛹，在秋末和早春拣拾越冬蛹，集中销毁。在白天进行人工捕杀，除去躲藏在叶背部的幼虫。

②药剂防治：幼虫初发期用50%敌敌畏或50%敌百虫800～1000倍液防治。

16.3 生理病害

1.葡萄落花落果病

（1）危害症状

开花前1周的花蕾和开花后子房的脱落为落花落果，且落花落果率在80%。

（2）防治措施

①在花前3～5天摘心，以控制营养生长，促进生殖生长。摘心后除顶端留1个副梢外，其余副梢全部抹掉。同时控制氮肥的用量，大量的氮肥会影响花芽分化，导致落花落果严重。

②药剂防治：初花期喷0.05%～0.1%硼砂可提高座果率。也可在离树干30～50厘米处撒施硼砂，施后灌水，均可收到良好的效果。于盛花后5～8天用膨大剂浸花序，也能有效提高座果率。

2. 葡萄裂果病

（1）危害症状

葡萄裂果病是果实的重要病害。果粒产生裂口易感染霉菌腐烂，常给葡萄的生产带来重大损失。一般裂果常发生在浆果着色期和成熟期。

（2）防治措施

①在浆果膨大期以前需要保证水分的充分供应，防止水分剧烈变化，一般可通过覆盖地膜、覆草来保持水分。及时调节土壤中的水分含量，避免出现干旱或者排水不畅。果实后期遇干旱需灌水时，宜采取少量多次灌水或隔行灌水的方法。果实套袋可防止果面直接吸水，从而有效地减少裂果。同时套袋还可防日灼、鸟害、病虫害，尽量不使用催熟剂。

②对于太过紧密的果穗，可以疏花疏果，以求穗形松散适度。留枝要适量，使枝距保持在10厘米左右，叶果比达15∶1～20∶1，保留强壮的穗果，除去瘦弱的穗果，使结果枝与营养枝比例合理，保持良好的通风条件。

③控制氮、磷、钾的施肥比例，注意氮肥的施用量，否则易引起裂果。

第17章　葡萄的采收

葡萄属呼吸非跃变型水果，采后没有后熟过程，可溶性固形物含量不再增加，因此鲜食、贮藏、加工的葡萄必须充分成熟后才能采收。葡萄成熟的标志是糖分高，酸度低，芳香味浓，色泽鲜艳，果粉厚，有弹性。

17.1　判断果实成熟的具体标准

1. 果实色泽

浆果充分成熟时，红、紫、蓝、黑色品种充分表现出固有的色泽，果粒上覆盖一层厚厚的果粉；黄、白、绿色品种颜色较浅，略呈透明状。

2. 果实硬度

随着果实成熟度的提高，浆果因果胶分解而使果肉硬度降低。同时果实在逐渐成熟的过程中，细胞间隙加大，果粒变软。

3. 果粒能否脱落

浆果成熟时，果穗梗与果枝连接处因木质化而变成黄褐色，果粒与穗梗之间产生离层，晃动枝蔓会有果粒落下。

4. 种子颜色

浆果成熟时有核品种种子由绿色转变成黄褐色或褐色，极早熟品种不具备这一特征。

5. 果实内含物

浆果成熟时表现出本品种特有的含糖量、含酸量以及果实风味。果实成熟过程中，当含糖量稳定、含酸量第2次迅速下降时，表示进入浆果生理成熟期。

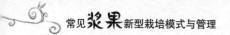 17.2　采收期的确定

在实际生产中，不能单纯根据成熟度来确定采收期，还要根据市场供应、贮藏、运输和劳动力的安排，栽培管理水平，品种特性，酿酒要求以及气候条件等来确定适宜的采收期。同一品种在不同地区的成熟期不一致，同一树上的不同部位的果穗成熟时间也有差异，要根据实际情况分期采收。对于树势较弱和病虫危害导致早落叶的果园要提前采收，以免大量消耗树体贮藏的营养，影响翌年的产量。

17.3　采前管理

1. 修剪果穗

首先，剪掉葡萄藤上出现的软尖以及果穗最下端1/4～1/3部分的甜度低、味酸、多汁、柔软和易失水的果粒；其次，疏掉不易成熟、品质差、糖度低的青粒、小粒、伤粒和病粒。

2. 施用化肥

采前1个月以施磷钾肥为主。在葡萄着色期间，应在葡萄的叶面和果面喷洒过磷酸钙5克/千克或磷酸二氢钾2～3克/千克，施肥

间隔期是8天左右，每次施肥要连续喷洒化肥两三次，避免葡萄在后期出现软粒、蔫尖等问题，以提升葡萄的糖度及耐贮性，对葡萄的着色也很有帮助。

3. 预防病虫害

在果实着色期间，每隔10～15天喷1次800倍液的退菌特或600～800倍液的多菌灵。此外，应对葡萄进行套袋处理，这也是葡萄种植过程中一种极为常见的病虫害预防措施。通过套袋，可以提升葡萄的可溶性固形物与总糖含量，降低葡萄的总酸含量，从而保证葡萄的品质。

4. 严格控水

为了提高品质和耐贮性，在采前15天停止浇水，并及时排出葡萄种植区内的雨水等积水，以此提升葡萄的耐贮性，从而保证葡萄的品质。

5. 喷洒激素

为了防止在贮藏过程中落粒和果柄干缩，在采前15～45天可喷2000～4000毫克/千克的比久，或在采前15天喷60～100毫克/千克的青鲜素，或在采前3天喷50～100毫克/千克的萘乙酸。

17.4 采收管理

在果实充分成熟时采收。若气候和生产条件允许，应尽可能地推迟采收时间。选择天气晴朗、气温较低的上午或傍晚采收，早上应待露水干后进行。阴雨、大雾天皆不宜采收。雨后采收的葡萄水分大，易腐烂。

采收时用剪刀剪取果穗。鲜食品种的果穗梗一般保留5厘米左右长，以便于提取和放置。但果穗梗不宜留得过长，防止刺伤别的果穗。采收时不要擦掉果粉和碰伤果皮，同时对果穗进行修剪，直接去除烂、瘪、脱、绿、干的果粒和硬枝，剔除破碎果。之后按穗粒大小、整齐程度、色泽情况进行分级包装，并尽快送往附近冷库降温预冷。同时要注意分品种采收、分期分批采收、不带叶采收，熟一穗采一穗，达到熟穗不漏、生（青）穗不采，以保证采收质量。在采摘、装箱、搬运时小心轻放，避免机械损伤，尽量少倒箱，一般倒1次箱后，损耗率可增加5倍以上。

17.5　采后管理

当葡萄采摘后，应加强对葡萄树体的管理，定期对葡萄树体施肥，并抑制枝蔓生长，采用适宜的措施预防病虫害的发生，促使葡萄树体能够积累大量的营养，提升抗病能力，确保葡萄树体及枝蔓能够安全度过寒冷的冬季，为翌年的生长奠定基础。

在葡萄采摘完后，每间隔10天左右应对葡萄树体施肥，每次需连续施肥两三次，所施化肥以0.2%尿素与0.2%磷酸二氢钾的混合肥为主。同时，在秋施基肥期间，应对每株葡萄树体施土杂肥、圈肥等有机肥，并且要在肥料中混合磷酸钙，施肥方式主要是开沟施入，施肥完毕后需要对挖开的沟渠进行覆盖。

在完成秋施基肥后，需以人工方式完成摘心、除副梢等工作，或喷洒一定比例的比久，抑制葡萄树体的生长，降低养分的消耗。

在葡萄采摘完后，葡萄叶片易遭受霜霉病、白腐病等的影响。为更好地避免这些病虫害的发生，保证葡萄树体和枝蔓的健康，可定期对其喷施一定比例的半量式波尔多液、菌特、代森锰锌等药液，喷施间隔期为10天左右。

此外，应及时清理并集中销毁葡萄园内的落叶、病叶、病枝等杂物，并且要集中销毁这些杂物，避免因这些杂物的腐烂而产生病源，影响葡萄树体和枝蔓的生长。

第18章　葡萄的加工利用

葡萄的衍生产品有很多种，目前市场上的葡萄制品主要有鲜食葡萄、葡萄酒、葡萄汁、葡萄干、葡萄果醋和其他一些副产品。据统计，我国80%的葡萄用于鲜食，13%用于酿酒，7%用于制汁、制干、做罐头及酿醋等。葡萄衍生产品都具有很高的食用价值和营养价值。此外，葡萄加工后的副产物葡萄籽、葡萄皮亦能变废为宝。例如，从葡萄籽中可提取葡萄籽油、低聚原花青素(OPC)以及单宁等物质；从发酵后的皮渣中能提取色素、果胶、酒石酸等物质。

18.1　葡萄的功能

葡萄含有糖类、有机酸（苹果酸、酒石酸、没食子酸和琥珀酸等）、矿物质、维生素、氨基酸、蛋白质、粗纤维、卵磷脂等。葡萄皮和葡萄籽中含有的白藜芦醇对心脑血管疾病有较好的预防和治疗作用。葡萄籽中含有的葡萄籽油富含亚油酸，它是人体必需的脂肪酸，对神经发育、维持血脂平衡、预防动脉粥样硬化和高血压等疾病，都发挥着重要的作用。葡萄籽中的原花青素具有很强的抗氧化、清除自由基能力，能预防多种疾病的发生，特别是对心血管疾病有很强的预防作用，同时能护理皮肤，预防衰老。

18.2 葡萄的加工

1.葡萄酒

葡萄酒是以新鲜葡萄或葡萄汁为原料，经酵母发酵酿制而成的饮料酒，也是当今世界上除啤酒以外，人类饮用最多的饮料酒。

（1）红葡萄酒

红葡萄酒原料主要为红皮白肉的葡萄品种，如赤霞珠、佳丽酿、玫瑰香等，辅助采用皮肉皆红或紫红的染色葡萄品种。按含糖量不同，它可分为干、半干、半甜和甜红葡萄酒。我国酿造红葡萄酒主要以干红葡萄酒为原酒，再按《葡萄酒（GB 15037—2006）》的规定调配成半干、半甜和甜红葡萄酒。

（2）白葡萄酒

白葡萄酒选用白色酿酒葡萄，如霞多丽、长相思等。白葡萄酒酿造工艺与红葡萄酒的不同之处在于：白葡萄酒采用纯汁发酵，即发酵前必须将果皮、肉与汁分离，果汁单独发酵，以体现白葡萄酒的新鲜、清爽和优雅的特性；酿造温度较红葡萄酒低，低温有助于保持果香，一般主发酵温度为14～18℃。其余酿造工艺与红葡萄酒基本一致。

（3）桃红葡萄酒

桃红葡萄酒是含有少量红色素，色泽和风味介于红葡萄酒和白葡萄酒之间的佐餐型葡萄酒。一般桃红葡萄酒适宜在保存期短，不宜陈酿。如果原料色素含量较高，则采用白葡萄酒酿造工艺酿造，但是不能像白葡萄酒那样限制浸提，而应让果汁与皮渣进行短时浸提后再分离，并将前段压榨汁与自留汁一起发酵；如果原料色素含量较低，则采用红葡萄酒酿造工艺，浸提时间可以适当延长，当葡萄浆颜色达到既定要求时，立即果渣分离，果汁单独发酵，其他后处理同白葡萄酒；还有一种混合工艺就是用红皮白肉的葡萄分别酿造出白葡萄酒和红葡萄酒，然后按照一定比例将二者混合。

（4）其他葡萄酒

市面上还有以山葡萄、天然霜冻葡萄和感染灰腐菌的葡萄为原料制成的山葡萄酒、冰葡萄酒和贵腐葡萄酒等产品，以及和以上葡萄原酒具有相似加工工艺的再加工产品，例如后经蒸馏加工制成的白兰地、后经浸泡芳香植物或加入芳香植物浸出液而制成的加香葡萄酒、后经二次发酵制成的起泡葡萄酒。这些葡萄酒在品质风味上各有特色，极大地利用了葡萄资源，丰富了葡萄酒文化。

2. 葡萄汁

葡萄汁是最传统的果汁之一，广受欢迎。适合榨汁的葡萄要求含糖量高，含酸较少，出汁率高，国内适合榨汁的葡萄品种有巨峰、玫瑰香、玫瑰露等。

3. 葡萄干

葡萄干是借助太阳热或人工加热使葡萄果实脱水形成的食品，含糖量高，是典型的高能量营养品。葡萄干含水量低，方便运输和贮存。世界各地最主要的制干葡萄就是绿色无核葡萄品种无核白，其他制干品种有白玫瑰香和黑科林斯。

4. 糖水脱皮葡萄罐头

制作罐头需对加工原材料进行分类筛选，要优先采用红地球、白玫瑰等品种，粒大、肉厚、肉质硬脆，无核、少核或小核，果皮韧性强、易剥离，果肉白色或浅白色，可溶性固形物含量高，水分少，香味浓郁，八九成熟，且外表不存在机械伤的葡萄。

5. 葡萄果醋

葡萄果醋是以葡萄为主要原料，利用现代生物技术酿制而成的一种营养丰富、风味优良的酸味调味品。它兼有水果和食醋的营养保健功能，是集营养、保健、食疗等功能为一体的新型饮品。

葡萄果醋的发酵工艺主要有固态发酵法、先液后固发酵法、液态发酵法。固态发酵法风味较好，但是发酵周期长，劳动强度高，占地面积大，原材料利用率低，生产技术陈旧落后。先液后固发酵法发酵的产品风味较固态法略有不足，但可以节约大量辅料和填充料，缩短生产周期，产品质量较稳定。液态发酵法分为表面静态发酵法和深层液态发酵法。表面静态发酵法是指在液态发酵过程中不搅拌，或者表面通氧气的方法进行酒精发酵或者醋酸发酵；深层液态发酵法也称全面发酵法或自吸式深层液态发酵法，主要的发酵设备是自吸式不锈钢发酵罐。表面静态发酵法与深层液态发酵法的工艺技术是当今世界发酵醋的主要生产技术，有着巨大的发展潜力。

6. 提取葡萄籽油和单宁

在葡萄酒生产过程中，会产生占葡萄总量3%的葡萄籽。从其中提取的葡萄籽油含有60%～70%的亚油酸、丰富的维生素E和维生素P。这些物质在人体内不能合成，只能从外界摄取。葡萄籽油对人体具有增强体质、降低血压、令秀发增黑等功能，可以作高级食用油和化妆品原料，还可用作老年人、婴幼儿的保健油。

葡萄籽油榨取的主要工艺有热榨、冷榨、溶液浸提等。该油很容易氧化，加工和贮存过程中应注意采取隔氧措施。

提取葡萄籽油后的葡萄籽残渣中还含有一定量的单宁。它除供药用外，也是皮革工业中很好的鞣料，亦是日用化工、印染工业的原料。注意提取时隔氧操作，避免因氧化使颜色变黑。

7. 提取原花青素

原花青素具有超强的抗氧化能力，能清除体内自由基，可起到预防与治疗多种疾病、延缓衰老、护肤美容等作用。

葡萄废弃物中原花青素含量分别为：葡萄皮0.85%、葡萄梗0.72%、葡萄籽3.05%。可以看出葡萄籽中原花青素的含量较高，具有一定的开发利用价值。葡萄籽中的原花青素大多以结合态与蛋白质、纤维素结合在一起，不易被提取，需经加有机溶剂、加酸、搅拌、加温等处理，才能够提取出来。据报道，有用水、乙醇等溶剂提取原花青素的方法。

8. 提取蛋白质

葡萄籽粉碎除油后，还可提取蛋白质，这是新的蛋白质资源。葡萄籽蛋白质含18种氨基酸，人体必需的8种氨基酸俱全。因此可用葡萄籽中提取的蛋白质生产复合蛋白，用于制作强化食品、滋补剂、保健药物等。

9. 制作优质饲料和充当肥料

干燥粉碎后的葡萄酒酒糟含水3.2%～9.6%、灰分5.0%～6.6%、蛋白质12.0%～14.8%、纤维素17.7%～35.0%，还含维生素、氨基酸（尤其是赖氨酸、色氨酸）及类胡萝卜素，并且葡萄酒酒糟中含有果胶，在猪的营养代谢中起着有益作用。所以干燥粉碎后的葡萄酒酒糟可作为良好的猪饲料。

葡萄梗和葡萄酒酒糟经堆积沤制后可在葡萄园里施用，能改善土壤结构，产生良好的肥效，对促进葡萄生长、提高果实品质有显著作用。

10. 食用菌生产

将葡萄枝条的生物降解与食用菌生产结合起来，实现枝条生物质能的高效转化。如应用平菇对葡萄枝条进行固体降解及生产平菇子实体，可实现高效的生物学效应及生物转化效率，具有巨大的生产潜能。另外，运用极性萃取剂对葡萄枝条进行预处理，可不同程度地提高香菇的木质素降解酶活性，进而提高枝条的降解效率，增加香菇的产量。

11. 作为沼气能源

葡萄与葡萄酒生产中产生的大量葡萄枝条和皮渣都可以直接投放到沼气池中进行发酵；葡萄酒生产过程中产生的污水也可以直接引入沼气池中。在微生物的帮助下经发酵产生的可燃性气体，可供日常所需。沼渣、沼液可以作为有机肥和农药直接还田，抑制病害发生，提高葡萄的品质和土壤中的有机质含量，促进土壤菌群和土壤动物（如蚯蚓）的生长，改善土壤的结构和保水性，促进生态农业的发展。

12. 生物化工

通过微生物处理，利用葡萄枝条中的半纤维素和纤维素的降解物，可生产多种重要的化工产品。利用葡萄枝条半纤维素的水解产物，可分别获得生物表面活性剂和乳酸，效果显著；通过汉逊德巴利酵母可将水解产物中的木糖转化生产出木糖醇；利用葡萄枝条能生产出具有很好孔度的白葡萄酒澄清剂——活性炭粉剂。

13. 提取色素、酒石酸和白藜芦醇

葡萄皮中的天然红色素色泽鲜艳，可广泛用于果酱、酸性饮料、果酒中，与合成色素相比，不仅安全，而且具有一定的营养和药理作用。

酒石酸是一种多羟基有机酸。由葡萄皮渣提取的酒石酸是右旋酒石酸，是一种无色透明的结晶细粉，有酸味，在食品工业中用作食品添加剂（酸味剂、膨化剂），在纺织工业中用作感光剂，在医药工业中也有广泛的用途。传统上是用氧化法或拆分法制备右旋酒石酸，这些制备方法成本较高。利用葡萄皮中含有丰富的酒石酸钾来生产酒石酸，不仅成本低，而且得到的全为右旋产物，能大大满足市场需求，提高经济效益。

葡萄皮中含一种多羟基类化合物——白藜芦醇，其含量为

21～25毫克/100克干葡萄皮。白藜芦醇属单宁质多酚，具有降血脂、抗血酸、预防动脉硬化和增强免疫力等功能。

14. 提取果胶

果胶是一种由半乳糖醛酸、L-鼠李糖等组成的杂多糖衍生物，在食品工业、医药、轻工业生产中具有很高的利用价值。

15. 葡萄皮渣酿醋

葡萄皮渣中有较多的糖分，可用固体发酵法制取醋酸。先将皮渣、麸皮、糠按10∶5∶3的比例（质量比）配制，搅拌均匀，蒸45分钟，散热降温至35℃；加入质量分数为10%的酒曲，搅拌均匀后置于缸中；34℃发酵15分钟，再添加质量分数为2%的食盐、糖等，冷开水浸泡2小时；补醋，灭菌，即可得食用醋。

草莓 篇

第19章 草莓概述

草莓属（*Fragaria*）为蔷薇科（Rosaceae）多年生草本植物。植株高度一般为10～40厘米，茎低于叶或近相等，分布于北半球的温带至亚热带地区，在欧、亚两洲分布较多，个别种的分布向南延伸到拉丁美洲。草莓属共包含24个种，其中在中国自然分布的有13个。

草莓（*Fragaria* × *ananassa* Duch.）是草莓属的主要栽培种，八倍体，通过杂交育种的方式选育而成，其亲本为原产于北美洲的弗州草莓（*F. virginiana*）和来自南美洲智利的智利草莓（*F. chiloensis*）。草莓果实色泽鲜艳，风味独特，营养丰富，素有"水果皇后"的美誉。草莓果实富含维生素、矿物质、氨基酸、花青素等营养物质，其维生素C含量比苹果和葡萄高许多，营养价值较高。草莓结果快，成熟早，生长周期短，管理方便，加工容易，适应性广，在世界浆果产业中具有重要地位。当前草莓的栽培面积和产量在所有浆果中排第二位，仅次于葡萄。

中国不是草莓自然分布区，草莓主要通过引种而来。我国草莓的引种工作始于20世纪初，至今已有近百年的历史。但我国草莓的规模化生产起步较晚，在2012年以后才进入快速发展阶段，截至2015年，我国草莓的栽培面积已达15亿平方米，产量超过400万吨。当前我国草莓产业发展迅速，草莓栽培面积和产量已跃居世界第一位。

除了引种以外，我国也开展了草莓育种相关研究。我国草莓的育种工作始于20世纪50年代，育种工作可分为3个发展阶段。第1个阶段为20世纪50年代的起步阶段，主要工作为实生选种，研究单位主要为江苏省农业科学院和沈阳农业大学；第2个阶段为20世纪80年代末至20世纪末的平稳发展阶段，主要工作包括实生选种和杂交育种，且以杂交育种为主，参与研究的单位由原来的2家扩展到8家；第3个阶段为21世纪以来的快速发展阶段，研究单位进一步扩展到20多家，选育出了一批优良新品种。

第20章　草莓的生物学特性

 ## 20.1　形态特征

1. 植株形态

草莓是多年生常绿草本植物，植株矮小，高度为20～30厘米，呈丛状平卧生长。缩短的茎上密集地着生叶片，并抽生花序和匍匐茎，下部生根。草莓的器官有根系、根状茎、叶、花、果实和匍匐茎（见彩图20-1）。

2. 根

草莓的根是须根状的不定根，着生在根状茎上，由初生根、侧根和根毛组成（见彩图20-2）。初生根上产生侧根，侧根上密生根毛。一般每株草莓具20～35条初生根，多者可达100条以上。土壤疏松、肥力充足时须根多。草莓根以白色或浅黄色为主，根系发达。草莓根在土壤中分布比较浅，绝大部分分布在距地表20厘米以内的地表层，在距地表10厘米左右的土层中分布最多。草莓利用根系吸收表层土壤中的水分和养料，供应植株生长。

受环境条件（主要是土壤温度、植株营养等）的影响，草莓植株根系一年内有两次或三次生长高峰。第一次生长高峰期出现在早春时期，随着地温的上升，植株进入生长阶段，地下部分由短缩茎及初生根逐渐发生新根；随着植株开花和幼果膨大，大量营养被消耗，根系生长逐渐缓慢。果实采收后，根系生长进入第二次高峰期。秋季至越冬前，由于叶片制造的养分大量回流运转到根系，根系生长出现第三次高峰。

3. 茎

草莓的茎分为新茎、根状茎和匍匐茎3种类型。新茎和根状茎为短缩茎，其中根状茎具有贮存养分的功能，根状茎越粗产量越高；匍匐茎，又称走茎，是由新茎叶腋间的芽当年萌发出来的，也是草莓的营养繁殖器官。

（1）新茎

新茎是指草莓当年抽生的短缩茎，呈弓背形（见彩图20-3）。新茎的加长生长缓慢，年生长量只有0.5～2厘米，但其加粗生长较旺盛。新茎上密集轮生有长柄的叶片，叶腋着生腋芽。新茎顶芽到秋季可分化成混合芽，混合芽在春季抽出新茎，呈假轴分枝；当混合芽萌发出3～4片叶后即抽生花序并结果。新茎下部发出不定根，第二年成为根状茎。

新茎腋芽具有早熟性，有的萌发成新茎分枝，有的萌发成匍匐茎，有的不萌发而成为隐芽。新茎分枝大量发生在8—9月，少量发生在开花结果时期。新茎分枝发生的数量因品种、栽植时期、草莓苗质量的不同而不同，少的为3～9个，最多时可达25～30个。新茎分枝可以作为营养繁殖器官，用于繁殖。当地上部分受损时，隐芽萌发形成新茎分枝或匍匐茎。

（2）根状茎

根状茎也叫老茎、地下茎，由新茎转化而来，是草莓的多年生茎，其上叶片已枯死、脱落，具有节和年轮，外形似根，故称为根状茎（见彩图20-3）。草莓的根状茎每年向上生长1～3厘米，同时在上部长出新茎，新茎上再萌发不定根。3年以上的根状茎很少发生不定根，并从下部老根状茎向上逐渐死亡，因此根状茎越老，地上部分生长越差。根状茎是草莓贮藏营养物质的重要器官，对草莓翌年的生长和开花结果有重要作用。

草莓根状茎的加粗生长很旺盛，在茎的横切面上可以观察到明显的年轮。在茎中富有薄壁组织，贮藏着大量的可塑性物质。解剖草莓根状茎可以看出，它的全部维管束都是由短的网状束构成，这些网状束由短的导管构成，在导管的先端和侧方都有很多大的孔纹，可以使水分进行横向运输。

生产上要及时进行培土，以促进新根的萌发。4～5年生的草莓植株，其根状茎高度可达10～15厘米，上部的新茎由于离土表过高而无法萌发不定根，植株生长只能依靠下部已基本枯死的老茎上的根系吸收水分和养料，生长衰弱，过冬时常受冻害，果实小，产量低，因此生产上栽培的草莓一般是以1年生、2年生或3年生为主，结果3年就必须更换种苗。

（3）匍匐茎

匍匐茎（又称走茎）是一条像叶柄一样的蔓，蔓上有节，每年都生鳞叶，但通常都是每隔一节才长成一个叶簇，即每两节发生一个叶簇。草莓的匍匐茎于花期结束以后，直到营养期结束以前都不断发生，大量发生期是在浆果采收以后。匍匐茎起初向上生长，然后下垂到地面上，顺着地面匍匐向前延伸。新叶簇的形成是先在节处发生1～2枚三出复叶，继而在节上生出不定根，在新生的叶簇还没有触及地面以前，这些不定根就在空气中生长一个时期，在叶簇接触地面后不定根即扎入土中，形成一株匍匐茎苗。随后在第4、第6等偶数节继续形成匍匐茎苗。在营养条件正常的情况下，1条先期抽出的匍匐茎能继续延伸形成3～5株匍匐茎苗。当土壤疏松、含有适量水分时，仍然是通过匍匐茎从母株得到部分营养，越冬以后匍匐茎才枯死。叶簇在翌年春天开始独立生长发育，每一叶簇都将成为一个新的草莓植株（见彩图20-4）。

匍匐茎的数目依植株的年龄、品种特性、外界环境条件和农业技术的不同而有极大的变化，通常有10~15个，最多达100个以上。每一条匍匐茎在秋末时有3~5个已经带有良好根系的叶簇。另外一些发生较晚的叶簇，若在没有生出新根时或新根未扎入土中时严寒已经来到，就不能安全越冬。

4. 叶

草莓的叶属基生复叶，叶两边对称，由三片小叶组成，颜色由黄绿至蓝绿色，叶缘有锯齿，叶片背面密被茸毛，上表面也有少量茸毛，质地平滑或粗糙（见彩图20-5）。叶着生在根状茎上部，叶面积较大。在草莓的整个生长期，必须保证充足的水分供应，以满足植株生理活动的需要。当水肥条件供应正常时，在草莓锯齿形叶缘处会出现吐水现象，即沿着叶缘会出现一排水珠。这也是草莓移栽后开始正常生长的一个标志。

在20℃的气温条件下，草莓大约每隔8天可以长出1片新叶，平均寿命为60~80天。叶片长在短缩茎上，2/5叶序，第1片叶与第6片叶重叠。生长期的叶片叶身长为7~8厘米，叶柄长10~20厘米；对于秋天长出的叶片，适当保护可安全越冬，叶片寿命也可大大延长。草莓植株具有常绿性，越冬绿叶保留得越多，对提高果实产量的促进作用越明显，所以在生产上做好草莓的越冬防寒工作是非常重要的。

同时，叶片是草莓最主要的营养器官，其通过光合作用制造养分，提供有机物质，供植株生长发育。叶片不断生出，同时也相继死亡，生产中要定期摘去老叶、病叶、黄化叶。

5. 花和果实

草莓花的花瓣数常为5~8片。一般花瓣数越多，花越大，则果也越大。雄蕊数目不定，通常为30~40枚；雌蕊200~400枚，离生、着生于花托上（见彩图20-6）。

草莓花序为二歧聚伞花序，一般每个花序开花15～20朵，花瓣为白色。一个主轴上每个小花梗顶端着生一朵花。一级花花朵大，结的果也大；二级以下花朵渐小，结的果也小。一个植株除茎顶端的顶芽可形成顶花序以外，其下侧腋芽也可形成侧花序。花序数的多少与品种特性和栽培条件等有关。

草莓花多数是两性花，即在一朵花上有雄蕊，也有雌蕊，能自花授粉，但授粉成功率不高，还要依靠虫媒、风媒进行传粉。有少数品种雄蕊不发育，只有雌蕊发育，所以必须和两性花的草莓种在一起。在生产上最好几个品种种在一起，以防授粉不良而影响产量。草莓花序上的花是陆续开放的，花期长达15～20天。先开的花一般结果早，果实大；后开的花往往因养分不足等原因果实较小，甚至不结果而成为无效花。在生产上要采取疏花措施，及时摘去过小的花蕾以促进产量。

草莓果实为肥大的花托形成的肉质浆果，种子长在果面上。果实为桃红色—红色—绯红色，果肉为白色—红色。果实形状有球形、圆锥形、长圆锥形、纺锤形和楔形等。在一个花序上，一级果最大，二、三级果渐小。开花后0～15天果实发育缓慢，15～25天果实迅速肥大。草莓果实大小、种子数量与授粉关系密切，授粉充分则种子数量多，果实大；反之则果实小，畸形果多。

草莓的果实是聚合果，果肉柔软多汁，园艺学上称为浆果（见彩图20-7）。果实中90%是水分，所以座果以后需要大量的水分也是草莓的一个主要生物学特性。草莓果实不耐贮存，且极易腐烂，在生产上必须予以重视，否则就会导致丰产不丰收的后果。草莓在良好的管理条件下生长，一般第一年产量较小，第二年和第三年的产量最大，第四年产量下跌，之后进入衰老期，产量急剧下降，需倒茬重栽。

20.2 物候期

草莓的物候期是指草莓露地栽培的物候期。了解物候期和生长发育规律是草莓栽培的基础。

1. 萌芽期

此阶段从植株开始萌芽到花蕾出现为止，以根系生长为主。当地温稳定在2℃以上时，根系开始萌动；当气温达到5℃以上时，地上部分开始生长。根系生长比地上部分早7～10天。开始时以前一年秋季长出的未老化的根继续延长生长为主，随着地温升高，才有新根的发生。地上部分越冬的叶片首先开始进行光合作用，随后新叶陆续出现，老叶相继枯死。不同地区萌芽期开始的早晚不同，江南为2月下旬，华北为3月上旬，东北为3月下旬至4月下旬（见彩图20-8）。

2. 现蕾期

萌芽生长一个月后出现花蕾。当新茎长出3片叶、第4片叶尚未伸出时，花序就在第4片叶的托叶鞘内露出。随后花序逐渐伸长，直至整个花序伸出。此时，随着气温升高和新叶相继发生，叶片光合作用加强，根系生长达到第一个高峰。当肉眼可见花序上花蕾露出，就达到现蕾期（见彩图20-9）。

3. 开花结果期

从现蕾到第一朵花开放需15天左右。一般每朵花可开放3～4天，由于草莓的花是聚伞花序，开放时按照花序的级次先后开放，整个花期可持续20～30天。从开花到果实成熟需要1个月左右（见彩图20-9）。在同一个花序上，有时第一级花序的果已经成熟，而最末的花还在开放。因此，草莓的开花期与结果期很难截然分开。在开花结果期开始有少量匍匐茎发生，结果后匍匐茎大量发生。

4. 旺盛生长期

果实采收后，在长日照和高温条件下，腋芽首先大量抽生匍匐茎，随后分化出新茎，新茎基部生长出新根。匍匐茎和新茎大量产生，形成新的植株，为分株繁殖和花芽分化奠定基础。

5. 花芽分化期

在旺盛生长期后，草莓在低温（17℃以下）及短日照（12小时以下）条件下开始花芽分化。低温和短日照是花芽形成最重要的条件。在自然条件下，我国草莓一般在9月中旬至10月上旬开始花芽分化：在北方与中部地区多在9月中旬开始花芽分化，而在南方地区在10月上旬开始花芽分化。

6. 休眠期

当晚秋到来时，随着日照变短、气温下降，草莓进入休眠期，表现为植株矮化，新叶叶柄短、叶片小、叶片角度变大，不再发生匍匐茎。新叶叶柄最短时就是休眠最深的时期。当新叶叶柄逐渐伸长、恢复生长时，休眠即告结束。草莓休眠是为了避开冬季低温伤害而形成的一种自我保护性反应。北方产区若不注意覆盖保护，叶片就会因低温干旱而枯死。

20.3　对环境条件的要求

1. 温度

当温度达2℃时草莓的根开始生长；最适合草莓的根生长的温度是17～18℃；当温度达30℃以上时，草莓的根就会开始老化，而且老化速度加快。开花期和结果期的温度应在5℃以上，光合作用的最适温度为20～25℃，开花的最适温度为15～24℃，花芽分化的最适温度为17～25℃，座果的最适温度为25～27℃，果实发育的最适温度为18～22℃。

草莓是一种不怕低温但怕高温的植物，适合生长的温度是15～30℃。当气温高于30℃或低于15℃时，光合作用就会减弱；当气温低于-1℃或高于35℃的时候，草莓生长便会失调。夏季气候炎热，阳光强烈，草莓停止生长。

2. 光照

草莓是一种喜光植物，对光照主要有两个要求：一个是光照强度。在生长期，草莓叶对光照强度的要求是在2.5万～6万勒克斯，强度越强，草莓就长得越好。二是光照时间。草莓在小苗时和结果时对光照时间都没有要求，时间越长越好，但过强时应该注意降温。

3. 水分

草莓的根系浅，生长需要的水分较多。幼苗期土壤持水量应为最大田间持水量的60%左右；现蕾到开花期，要保证充足的水分供应，土壤持水量应不小于最大田间持水量的70%，否则花期缩短，花瓣卷于花萼内不展开而呈枯萎状；果实膨大到成熟期，需水量比较大，土壤持水量应不小于80%，否则座果率低，果实小，品质差，产量低，但是该期灌水时应处理好果实膨大与烂果的关系；果实成熟期，应适当控水，以利果实成熟和采收，防止果实脱落和腐烂，提高浆果质量；果实采收后，进入茎叶生长期，为了多繁殖秧苗，应注意灌水，以促进匍匐茎生长及扎根成苗，一般要求土壤持水量在70%左右；秋季，草莓进入第三个生长期，在茎叶生长的同时，植株要积累养分，并进行花芽分化，此时应保证适当的水分供应，要求土壤持水量在60%左右；入冬前，茎叶停止生长，花芽已基本形成，这时要适当控水，使植株生长充实，以利于越冬。

草莓虽然对水分要求较高，但不耐涝。土壤水分过多或积水，根系呼吸受阻，影响根系和植株的生长；严重时，叶片失绿变黄、萎蔫、脱落，甚至整个植株死亡；同时，土壤水分过多时，草莓抗病性降低，病害严重，果实品质变劣，烂果增多。因此，雨季或暴雨后，要注意草莓园排水，并适时中耕。

4. 土壤

草莓适应性强，在多种土壤中均能生长，但要获得优质高产，就必须有良好的土壤条件。草莓是浅根系植物，根系主要分布在距地表20厘米以内的表层土壤中，极少数根系可深达距地表40厘米以下的土层。因此，表层土壤的结构、质地及理化特性对草莓的生长发育影响很大。

草莓最适宜栽培在疏松、肥沃、透水、通气良好、地下水位不高于80厘米的土壤中。沙质土的保水保肥能力差，易流失，不宜种植草莓；但如果能改良土壤，多施有机肥，勤灌水，也可以种植。黏性土虽具有良好的保水性，较肥沃，但是排水性能较差，土壤通气不良，根系呼吸作用及其他生理活动受抑制，易发生根腐烂现象；同时果实含水量高、味淡，易感病，不耐贮运，品质较差，因此不宜种植草莓。一般沼泽地、盐碱地、石灰土、黏重土均不适宜栽种草莓。草莓适宜在中性或微酸性的土壤中生长，pH值过高或过低时会出现生长发育障碍。

草莓应种在有机质含量较高的土壤中，要求表层土壤有机质含量要达到1.5%～2.0%；有机质含量低于1.0%，植株长势弱，产量低，果实品质差。因此，栽种草莓之前应翻耕土地，施足基肥，这些是草莓优质高产的基础。

5. 营养

草莓对土壤中氮、磷、钾含量的需求比较均衡，正常生长发育时对它们的吸收总量约是1.0∶1.2∶1.0。在大田常规施肥条件下，草莓从定植到收获对氮、磷、钾、钙、镁的最大吸收量依次为氮＞钾＞钙＞镁＞磷。草莓对微量元素比较敏感，尤其是铁、镁、硼、锌、锰、铜等缺少时都会产生相应的生理病害，影响正常生长发育。某种营养元素施用过量，轻则植株生长迟缓，重则出现肥害。其中氮肥过多时，植株徒长，抗逆性下降，营养生长与生殖生长失衡，花芽分化时间推迟、分化不充分。在开花结果期，若氮肥偏多，果实畸形与裂果增加，果面着色晚，含糖量下降，硬度变软，贮存时间变短。

草莓在不同的发育期对氮、磷、钾的需求量不一样。草莓一生中对钾和氮的吸收很强，在采收期对钾的吸收量要超过对氮的吸收量。氮是植物的主要营养元素，对植物的生长发育、产量、品质都有重要的影响。氮促进新茎的生长及叶柄加粗，加大叶面积，使叶色浓绿，叶绿素含量高，提高光合效率，增加花芽量，提高座果率，对草莓产量影响较大。但过量的氮肥易引起植株徒长、萼片和新叶尖端及叶边缘焦枯，还会引起氨气中毒或亚硝酸气中毒。磷的作用是促进根系发育，从而提高草莓产量。草莓整个生长过程中对磷的吸收较弱，磷过量会降低草莓的光泽度。因此，在提高草莓品质方面，追肥应以氮钾肥为主，磷肥应作基肥施用。花芽分化期、开花结果期增施磷钾肥，能有效促进花芽分化、增加产量、提高果实品质。特别是春季增施磷钾肥，对果实膨大、增加果实的香气和风味有明显效果。同时，草莓不耐盐碱。因此，要全面合理施肥，并保持土壤的含水量，才能达到优质高产的目的。

有机草莓生产过程中施用的肥料为有机肥料。有机肥施用前必须充分腐熟和发酵，施用腐熟有机肥与施用不腐熟有机肥相比有以下好处：一是见效快，肥效高；二是避免烧根；三是减少土壤中病虫害的发生；四是有利于土壤中有益微生物的繁殖和增加，提高土壤养分利用率；五是减少对土壤的危害，净化环境；六是有利于加快土壤团粒结构的形成。叶面肥包括植物氨基酸叶面肥、腐殖酸类叶面肥、有机生物液肥、硅酸肥料和植物母体营养液等。

第21章　草莓主要品种及特性

 ## 21.1　草莓属植物种类

全世界草莓属约有24个种，主要分布在亚洲、欧洲和美洲。其中包括13个二倍体种：森林草莓、黄毛草莓、绿色草莓、裂萼草莓、西藏草莓、纤细草莓、五叶草莓、东北草莓、中国草莓、日本草莓、饭沼草莓、两季草莓、布哈拉草莓；4个四倍体种：东方草莓、西南草莓、伞房草莓、高原草莓；1个五倍体种：布氏草莓；1个六倍体种：麝香草莓；3个八倍体种：智利草莓、弗州草莓、凤梨草莓；2个十倍体种：择捉草莓、瀑布草莓。在24个草莓种中，只有凤梨草莓为广泛栽培种，其他均为野生种。我国是世界上草莓野生种类资源最丰富的国家，自然分布13个种，包括9个二倍体种、全部4个四倍体种（见彩图21-1）。

 ## 21.2　我国草莓属植物种类

我国自然分布的主要草莓属植物及其性状如下。

1. 黄毛草莓（*F. nilgerrensis* Schlecht.）

植株高12～18厘米，生长势强，叶柄及匍匐茎均粗壮；匍匐茎红色，偶数节位形成幼苗。小叶倒卵圆形，前端平楔形，叶厚，叶色深；叶、叶柄、匍匐茎、花梗上均密被直立的棕黄色茸毛。聚伞花序，花序略高于或平于叶面；花瓣卵圆形，显著离生；萼片三角形，副萼片细披针形；开花后的花朵及果实仍直立朝天、不下弯。果实白色，圆球形，有香味、味淡；种子黄绿色，极小，凹陷；宿存萼片紧贴于果实（见彩图21-1）。抗叶斑病，但抗寒性差。在野生草莓中花期最晚。分布于云南、四川、陕西、贵州、湖南、湖北、台湾。$2n=2x=14$。

2. 五叶草莓（*F. pentaphylla* Lozinsk.）

植株较矮小，株高6～15厘米，新茎分枝能力强；匍匐茎红色，其上茸毛直立，节间长，除第1节位外，以后每一节位均可形成幼苗，但生根能力差。羽状五小叶，稀三小叶，中心小叶叶柄长；叶较小、厚，长椭圆形，锯齿粗；叶柄上常具2～3片耳叶；叶正面近无茸毛，背面只在叶脉上具直立、稀疏的茸毛，叶背面紫红色。聚伞花序，花序高于叶面，花序梗上被稀疏茸毛；雄蕊不等长，高于雌蕊；花瓣前端平楔；萼片宽披针形，副萼片细披针形；种子均深凹于果面；宿存萼片均反折。果实有白色和红色两种类型：白果类型者果实椭圆形，具颈，具香味；红果类型者果实卵圆形，小，无颈，无香味，酸（见彩图21-1）。抗寒、抗病性强。春季解除休眠晚。在沈阳表现为大多数年份不易开花结果。分布于四川、青海、甘肃、陕西、河南。$2n=2x=14$。

3. 纤细草莓（*F. gracilis* Lozinsk.）

植株细弱，株高5～10厘米，根状茎高；匍匐茎细，除第1节位外，以后每一节位均可形成幼苗。羽状五小叶或三小叶，倒卵圆形，绿色，背面紫红色；羽状五小叶下面常具2枚耳叶，近无柄；叶正面被直立长茸毛，背面叶脉上茸毛较多，直立或部分紧贴，脉间茸毛紧贴；叶柄、匍匐茎、花序梗上茸毛均紧贴。花序上常具1～2朵花；雄蕊不等长，雌蕊短小；萼片披针形，副萼片细披针形；果实浅红色，近球形或椭圆形，小，味淡；种子红色，小，极凹陷；宿存萼片反折（见彩图21-1）。分布于西藏、青海、甘肃、陕西、四川、湖北、河南。$2n=2x=14$。

4. 森林草莓（*F. vesca* L.）

植株较矮，高10～15厘米，较细弱，全株茸毛少；匍匐茎上茸毛向前紧贴。叶片很小，椭圆形，较薄；叶正面近无毛，背面具紧贴茸毛；叶柄上茸毛向下紧贴或直立。花序高出叶面近1/3或平于叶面，每一花序常具3～7朵花，花梗上茸毛向上紧贴，但在第1分歧以下茸毛直立；花较小，花瓣倒卵圆形，前端具缺刻；花丝极短，等长；萼片宽披针形，副萼片细披针形。果大多红色，长圆锥形或圆锥形，果软，果肉白色略黄，香味特浓，汁很少，可溶性固形物含量为12%～15%；种子红色，凸于果面；宿存萼片平展或反折。四季结果类型可在7～9月开花结果（见彩图21-1）。森林草莓还有白果类型。分布于四川、新疆、青海、甘肃、山西、陕西、云南、贵州、河南、山东、吉林、黑龙江。$2n=2x=14$。

5. 东北草莓（*F. mandschurica* Staudt）

植株较高，高15～25厘米，新茎多，中心小叶呈长椭圆形或卵圆形；全株茸毛多。叶正面密被直立茸毛，背面被紧贴茸毛；叶柄、匍匐茎、花序梗上被直立白色茸毛。聚伞花序，每一花序具3～16朵花，分歧处常有1枚三出复叶；花瓣稍叠生或离生；花丝较长，高于雌蕊；萼片宽披针形，副萼片细披针形。果红色，圆锥形，果肉白色，香味浓，汁液多，可溶性固形物含量为12%；种子黄绿色，凸于果面；宿存萼片平展或微反折。抗寒性强。有的可在9月再次开花。分布于吉林、黑龙江、内蒙古。$2n=2x=14$。

6. 绿色草莓（*F. viridis* Duch.）

植株较纤细，株高15～20厘米。新茎较多；匍匐茎除第1节位外，以后各节位均可形成幼苗，匍匐茎上茸毛直立或向前紧贴。叶长椭圆形，叶面平；叶柄上密被直立茸毛；聚伞花序，花序明显高出叶面1/3～1/2，每一花序常具4～10朵花，花序梗上第1分歧以下茸毛直立，以上部位则向上紧贴或脱落；花较小，花瓣近圆形，叠生；花丝细长；萼片三角形、大而长，副萼片细披针形。果实绿色，阳面略红，扁圆形或圆形，硬，果肉近白色，具清香味，可溶性固形物含量为11%～13%；种子大，黄绿色，凸于果面；宿存萼片紧贴于果实，除萼难（见彩图21-1）。常在10月初再次开花。分布于新疆。$2n=2x=14$。

7. 裂萼草莓（*F. daltoniana* Gay）

别名为锡金草莓（*F. sikkimensis* Kurz.）。植株细弱、矮小，高5～8厘米。匍匐茎很纤细，茸毛稀疏贴生或几乎无毛。羽状三小叶，具小叶柄，锯齿数少；小叶长圆形或卵圆形，正面深绿色，近无毛，背面淡绿色、脉上被贴生茸毛；叶柄上茸毛贴生。花单生，花梗被贴生茸毛；萼片卵形，副萼片长圆形，顶端2～3浅裂，故得名，副萼片与萼片近等长，均贴生稀疏茸毛。果相对稍大，长卵圆形或纺锤形，鲜红色，果肉海绵质，几乎无味；宿存萼片开展（见彩图21-1）。分布于西藏。$2n=2x=14$。

8. 西藏草莓（*F. nubicola* Lindl.）

植株纤细，高5～20厘米。匍匐茎极纤细，被紧贴茸毛。叶正面绿色，贴生疏茸毛，背面淡绿色，叶脉上被贴生茸毛，脉间较稀；小叶无柄或具短柄，椭圆形或倒卵圆形，顶端圆钝，边缘具尖锯齿；叶柄上密被紧贴茸毛，稀直立。花序梗被贴生茸毛；花序上花少，常1～4朵；萼片卵状披针形，顶端渐尖；副萼片披针形，顶端渐尖。果实卵球形；宿存萼片紧贴于果实（见彩图21-1）。分布于西藏。$2n=2x=14$。

9. 西南草莓 [*F. moupinensis* (Franch.) Card.]

植株纤细，极矮小，高约5厘米。匍匐茎红色，其上茸毛向前紧贴，除第1节外，以后每节均形成幼苗。羽状五小叶或三小叶，下部的两小叶小些；小叶近无柄或仅中心小叶具短柄；小叶椭圆形或长椭圆形，前端圆钝；叶正面具稀疏直立茸毛，背面具紧贴茸毛；叶柄上茸毛半紧贴，常具1～2片耳叶；老叶片在夏秋季易失绿发黄。花序常具1～3朵花，花序梗上茸毛向上紧贴；花药小，花丝短；花瓣卵圆形；萼片三角形，副萼片披针形；果实橙红色至浅红色，卵球形、球形或椭圆形；宿存萼片紧贴于果实；种子深红色，在果实阴面凹陷，阳面则不凹陷（见彩图21-1）。分布于西藏、四川、云南、青海、甘肃、陕西。$2n=4x=28$。

10. 东方草莓（ *F. orientalis* Lozinsk. ）

植株中等高，高10～20厘米。匍匐茎红色，其上茸毛直立，抽生能力强，偶数节位形成幼苗。三出复叶；三小叶近无柄或仅中心小叶具极短的柄；中心小叶倒卵圆形；叶正面茸毛多而直立，背面茸毛紧贴，叶背面常紫红色；叶柄上茸毛多且直立。多歧聚伞花序，分歧处常有1枚三出复叶或2个苞片，花序高于叶面，花序梗上茸毛向下斜生或直立，每一花序常具6～13朵花；花瓣近圆形，叠生；雌株花药瘪小或脱落，雄株花药大；萼片三角形至宽披针形，副萼片细披针形。果实短圆锥形或卵球形，红色，果肉白色，有香味；种子凸；宿存萼片平展（见彩图21-1）。抗寒性强。分布于吉林、黑龙江、辽宁、内蒙古、青海、甘肃、山西、陕西、湖北、河北、山东。$2n=4x=28$。

11. 伞房草莓（ *F. corymbosa* Lozinsk. ）

植株高约15厘米。匍匐茎很多，但很细，红色，其上茸毛直立，除第1节外，每节均能形成幼苗，但不易生根。叶片多为三小叶，少为羽状五小叶；叶倒卵圆形，前端平楔形，较小；叶正面几无茸毛，背面沿叶脉有长而直立的茸毛，脉间无茸毛；叶柄绿色，其上茸毛稀、长而直立，常具1～2片耳叶。花序高于叶面，花序梗上茸毛直立；伞房花序，每一花序常具2～5朵花；花小，花瓣叠生；花药高于雌蕊，常瘪小或掉落；萼片宽披针形至三角形，副萼片细披针形；果实红色，卵形，果肉粉白色，味淡，有酸味；种子深凹；宿存萼片平展或反折（见彩图21-1）。夏季高温植株易成片枯死，但秋季凉爽时能再次萌发新叶，并抽生大量匍匐茎，形成幼苗。分布于甘肃、山西、陕西、河南、河北。$2n=4x=28$。

21.3　草莓优良栽培品种

1. 草莓品种分类

草莓栽培品种较多。不同的草莓品种适合不同的气候条件和栽培形式，要根据各地气候条件和栽培形式选择适宜的品种。可以根据来源、成熟时间、栽培形式及果实硬度对草莓品种进行分类。

（1）按来源分

来自中国：红袖添香、红实美、太空2008、白草莓、明晶、明磊、听旭、硕丰、硕密、硕露、星都1号、星都2号、石莓1号、春星、长虹2号等。

来自日本：红颜、枥乙女、章姬、弥生姬、幸香、甜王、丰香、闪亮香、淡雪、樱花梦幻、夏乙女等。

来自欧美：甜查理、卡麦罗莎、草莓王子、杜克拉、图得拉、哈尼、安娜等。

（2）按成熟时间分

极早熟：宁玉、贵妃、甘露等。

早熟：红馨、白草莓、红颜、章姬、香蕉、桃熏、法兰地、甜查理、丰香、京藏香、美香莎、星都1号、天香、红袖添香、越丽、越心等。

中早熟：大头知己、大头红颜、圣诞红、甜皇、枥乙女等。

中晚熟：艳丽、幸香、达赛莱克特等。

晚熟：哈尼等。

（3）按栽培形式分

露地栽培：哈尼、森加森加拉、达赛莱克特、玛利亚、宝交早生、全明星、戈雷拉、明晶、星都1号、石莓2号、新明星等。

半促成栽培：丰香、卡麦罗莎、枥乙女、达赛莱克特、玛利亚、章姬、红颜、宁玉、甜查理、宝交早生、星都1号、石莓4号等。

促成栽培：丰香、土特拉、佛吉利亚、女峰、鬼怒甘、宝交早生、静香、静宝、明宝、丽红、卡麦罗莎、章姬、红颜、太空莓、枥乙女、佐贺清香、甜查理、宁玉等。

抑制栽培：丰香、佐贺清香、土特拉、宝交早生、全明星、哈尼等。

（4）按果实硬度分

果实硬度低：丰香、京藏香等。

果实硬度中等：红馨、白雪公主、红颜、法兰地、幸香、公主莓、卡尔特1号等。

果实硬度高：大头知己、大头红颜、宁玉、圣诞红、甜皇、香蕉、甜查理、哈尼、美香莎、卡麦罗莎、达赛莱克特、星都1号、天香、太空2008等。

2. 常见草莓栽培品种

（1）大头红颜

2005年由山东农业大学通过杂交育种选育，亲本为红颜×甜查理，审定编号为鲁农审2014056。中早熟品种，栽培时间为9月上旬到翌年1月中旬。果实圆锥形，平均单果重35.5克，比对照品种红颜高25.9%；果面鲜红色、富光泽；果肉鲜红、细腻，香味浓郁，可溶性固形物含量为9.9%，糖酸比为10.5，硬度比红颜大；髓心小（见彩图21-2）。保护地促成栽培条件下，白粉病、灰霉病、黄萎病的发病率分别为5.1%、5.6%、4.2%，均显著低于红颜和甜查理。亩栽7000～10000株，平均亩产3427千克。

（2）宁玉

2010年在江苏南京通过杂交育种选育，亲本为幸香×章姬，审定编号为苏鉴果201002。休眠浅，极早熟，比丰香、红颊早采收15～20天。植株生长势强，半直立。叶椭圆形，大而厚。雄蕊平于雌蕊；花粉发芽力高，授粉均匀。果实圆锥形，红色，果面平整，座果率高，畸形果少，外观整齐、漂亮；果实风味极佳，甜香味浓，酸味很淡，可溶性固形物含量为10.7%；果实硬度为1.78千克/厘米^2，果皮厚，耐贮运，优于红颊；种子分布稀且均匀（见彩图21-2）。亩栽8000～12000株，平均单果重15.5克，亩产2～3吨。南京地区促成栽培一般9月上旬定植，10月中下旬现蕾，10月中下旬至11月初始花，11月下旬至12月初果实初熟。

（3）红颜

原产于日本，通过杂交育种选育，亲本为幸香×章姬。植株长势强，较直立，株高10～15厘米，冠幅25厘米×30厘米。叶片大，绿色，叶面较平，叶柄中长；托叶短而宽，边缘浅红色。两性花，花冠中等大，花托中等大，花序梗较粗、长，直立生长，高于或平于叶面；每株着生花序4～6个，每一花序具花3～10朵，自然座果能力较强。一、二级花序平均单果重26克，最大达50克以上；果实圆锥形，果面深红色、平整、富有光泽；种子分布均匀，稍凹于果面、黄色、红色兼有；萼片中等大，较平贴于果实，茸毛长而密；果肉较细、红色，髓心小或无、红色，可溶性固形物含量为11.8%，甜酸适中，香气浓郁，品质优（见彩图21-2）。对炭疽病、灰霉病较敏感。在辽宁省栽培，栽培时间为8月下旬到11月下旬。

（4）章姬

原产于日本，通过杂交育种选育，亲本为久能早生×女峰。休眠期浅，早熟品种。植株长势强，株形开张。果实长圆锥形，个大，畸形少，味浓甜，无香味，柔软多汁，果色艳丽、美观，适宜作为礼品草莓、近距离运销、温室栽培。一级花序平均单果重40克，最大达130克（见彩图21-2）。种植密度为高寒地区每亩10000株、寒冷地区每亩8000株、温暖地区每亩6000株，亩产2～3吨。不抗炭疽病和白粉病。在浙江地区栽培，栽培时间为8月下旬到11月中旬。

（5）甜查理

原产于美国，休眠浅，早熟品种。植株旺健，抗病力强，繁殖力强。叶片较大，色鲜绿。可多次抽生花序，在日光温室中可以从12月上旬开始陆续多次开花结果至翌年7月。果实为长圆锥形或长平楔形，色深红、亮泽，味酸甜，硬度大，耐贮运；果实大，顶花序单果重42克左右，最大单果重可超过100克，产量高；鲜食、加工兼可（见彩图21-2）。亩栽10000～13000株，亩产3～4吨。在浙江、辽宁、山东等地栽培，栽培时间为8月下旬到12月上旬。适合温室栽培。

（6）艳丽

产自辽宁沈阳，通过杂交育种选育而成，亲本美国草莓08-A-01×枥乙女。中度休眠，中晚熟品种。现阶段主要市场是北方寒冷或高寒地区。植株长势旺盛，下果晚，果实为甜酸口味，果形十分漂亮，果柄呈鸡爪形（见彩图21-2）。管理比较简单，但因春节前无法成熟，不适合抢占春节市场。适合温室、冷棚栽培，露地生产，也可作深加工和速冻品种。亩栽10000株左右。在浙江、辽宁、山东等地栽培，栽培时间为8月下旬到12月下旬。

（7）幸香

原产于日本，通过杂交育种选育而成，亲本为丰香×爱莓。休眠较深，中晚熟品种。果实硬度、糖度、肉质、风味及抗白粉病能力均优于丰香，丰产性强，可作为南方地区主栽品种。注意防治白粉病。植株生长健壮。叶片较小，椭圆形，浓绿色。花量多。一级花序平均单果重35克左右（见彩图21-2）。亩栽8000～12000株，亩产2吨左右。在南方地区栽植，栽培时间为9月上旬到1月下旬。

（8）枥乙女

原产于日本。长势中庸、健壮，株形半开张，株高25～30厘米。叶片比丰香略小，叶柄长。果实圆锥形，大小均匀，果面艳红、有光泽，硬度为0.53千克/厘米^2，含糖量为11.2%，含酸量为0.55%，耐贮藏；种子小，略凹于果面，分布均匀；一级花序最大单果重80克，平均单果重40克（见彩图21-2）。适宜在北方地区进行日光温室栽培，栽培时间为8月下旬到12月下旬。

（9）大头知己（硕丽、长叶知己）

休眠不深，中早熟品种，比红颜晚7～10天。植株长势旺，整个生长期不倒秧。栽完一个月左右会得一次白粉病，控制好的话，基本全年无任何病害。整个生长期不需激素、膨果药，无休眠期。果实成熟期在12月末左右，成熟慢；糖度比红颜低2%左右；整个生长期无小果，果实硬度好；最大单果重120克左右（见彩图21-3）。亩栽7000～10000株，亩产4～5吨。适合新手种植。

（10）红馨

早熟品种。具有"大红香硬润甜"六大突出特点，综合品质超越目前市场上公认的品质最好的红颜品种。果实大，一般单果重20～40克，最大单果重89克；果实硬度中等，果皮有韧性，果肉软硬适中，完熟后全果鲜红，美丽、有光泽，采摘后贮运期果色不变；果味甜酸，甜味突出（见彩图21-3）。亩栽8000～12000株。

（11）贵妃

极早熟品种。植株生长势强，产果量高。果实呈标准的圆锥形，果粒大，横径可达5～6厘米，单果重可达50～60克；果面平整、深红色；果肉细腻，糖酸比高，有蜡质感（见彩图21-3）。果实口感特别好，清爽怡人，甘甜中带有优雅的香气，浓郁的草莓风味久久留于唇齿之间，素有"草莓帝王"的美誉，是最佳的馈赠礼品。对白粉病具有较强的抗性，畸形果率低，耐贮藏。亩栽6000～10000株，亩产量可达3200千克。

（12）圣诞红

早中熟品种。果实80%为圆锥形、10%为楔形、10%为卵圆形；一、二级花序平均单果重32.6克，最大单果重64.5克；种子微凸于果面；果肉橙红色、肉细、质地绵，风味爽甜，糖度可达13.1%，髓心白色、无空洞；果实硬度强于红颜、章姬，耐贮性中等（见彩图21-3）。对白粉病和灰霉病抗性较强，对红蜘蛛抗性特别强，耐寒性、耐旱性也比较强。亩栽8000～12000株，亩产量可达2800千克。

（13）甜皇

早中熟品种。果实为圆锥形；一、二级花序平均单果重35.8克，最大单果重92.6克；种子微凸于果面；果肉橙红色、肉细、质地绵，风味爽甜，糖度可达13.1%，髓心无空洞；果实硬度强于红颜、章姬，耐贮性强（见彩图21-3）。对黄萎病与灰霉病抗性较强，不抗白粉病；对红蜘蛛抗性特别强；耐寒性、耐旱性也比较强。亩栽8000～12000株，亩产量可达3000千克。

（14）白草莓

休眠浅，早熟品种，又称小白、白雪公主。植株长势旺盛。花粉红色；花序少；果实大，最大单果重150克左右，完全成熟后外部呈粉红色、内部呈纯白色，香味浓郁，硬度中等（见彩图21-3）。丰产性比红颜好；抗病能力强。亩栽7000～10000株，亩产2～3吨。

特别受年轻人欢迎。

（15）香蕉

休眠浅，早熟品种，是章姬的一个变种，是较理想的栽培品种。因其果长，形状如香蕉，故取名香蕉草莓；也因其漂亮的外形被取名为美人指。果实长；果肉细嫩多汁，口味浓甜芳香、有嚼劲，颜色鲜艳、有光泽；果实整齐，畸形果少（见彩图21-3）。果实成熟即可采摘，果实硬度高，适于贮藏，果实完全成熟时风味佳。较抗白粉病、灰霉病和黄萎病，但易感炭疽病。亩栽8000～12000株，平均亩产2200千克。适合在城市市郊栽植。

（16）桃熏

休眠浅，早熟品种，日本十倍体草莓。花序较少。果实完全成熟后呈粉色，奶香味浓，口感偏淡，最大单果重60克左右（见彩图21-3）。丰产性好；抗病能力强。秋季栽培需要起高垄。亩栽8000～10000株，亩产1～2吨。

（17）法兰地

休眠浅，早熟品种，欧美系。植株长势旺，抗逆性较好，繁苗能力强，耐高温，能多次抽生花序。果实长圆锥形，大而均匀，果面深红色、亮泽，味酸甜，糖度比甜查理高，硬度中等；一级花序单果重40克，最大单果重98克；鲜食、加工兼可（见彩图21-3）。亩栽9000～12000株，亩产3～4吨。适合南方陆地栽培、北方温室大棚种植。

（18）丰香

休眠浅，早熟品种。植株长势一般，株形较小。果实椭圆锥形，鲜红、艳丽，口味甜，香味浓，肉质细软、致密，果面有楞沟；一级花序平均单果重32克，最大重65克（见彩图21-3）。硬度和耐贮运性差，适宜近距离运销。不抗白粉病。种植密度因地区而异，高寒地区亩栽12000株、寒冷地区10000株、温暖地区8000株，亩产1～2吨。

（19）京藏香

休眠浅，早熟品种。植株生长势较强，株形半开张，株高平均为12.2厘米。叶椭圆形，叶柄长平均为6.7厘米。花序分歧，两性花。果实圆锥形或楔形，红色、有光泽；一、二级花序平均单果重31.9克；果实硬度一般，酸甜适中，香味浓（见彩图21-3）。连续结果能力强，丰产性较强。较抗灰霉病，不抗白粉病。亩栽8000～12000株，亩产1500～2000千克。

（20）甘露

极早熟品种。植株长势旺盛，抗病性、耐低温能力强，畸形果极少。叶片肥厚、油亮；繁殖能力强。果实圆锥形，果面鲜红色、光泽度好，糖度为13%左右，果个均匀，无果颈，甜味突出，香味明显；果较软，有点空心（见彩图21-3）。连续座果能力强；丰产性好；抗灰霉病，高抗盐碱。不适合远运。亩栽8000～10000株，亩产一般达2500千克以上。适合于干燥少雨、土壤偏碱性地区种植。

（21）公主莓

休眠浅。植株长势旺盛，直立，繁殖力强，耐高温，抗病能力强。叶片长椭圆形。花蕾量中等，花柄较粗长。果实圆锥形，果面橙红色；种子凹陷于果面；果肉淡红色，口感香甜，有芳香味，可溶性固形物含量为9%～10%，硬度中等；一级花序平均单果重35克左右，最大单果重370多克（见彩图21-3）。亩栽8000～9000株，亩产2000千克左右。最大优点是一年四季皆可生产果实。适宜于温室陆地栽培。

（22）哈尼（Honeye）

休眠较深，晚熟品种。一级花序果熟期集中；果实大、均匀、圆锥形，果面紫红色，肉质鲜红，酸甜适中，可溶性固形物含量为8%～10%；硬度较大，耐贮运（见彩图21-4）。是深加工和速冻出口的极佳品种。亩栽10000～12000株，亩产2000千克左右。适合于寒冷地区露天栽培。

（23）卡尔特1号

休眠较深，西班牙中熟品种。植株长势强。果实圆锥形，果面有光泽、鲜红色，果肉淡黄色，味芳香馥郁，硬度中等；一级花序单果重35克左右，最大单果重超75克（见彩图21-4）。亩栽8000～9000株，亩产2000千克以上。最适宜早春大棚生产，温室生产可在休眠至12月上旬后覆棚膜加温，可在北方地区做半促成栽培。

（24）美香莎（Meixiansa）

荷兰早熟品种，是保护地栽培的最佳品种之一，1998年引入我国。休眠浅。植株长势强，匍匐茎抽生较多。叶片黄绿色。花芽分化容易，花量大。果实极早熟，座果率高；果实长圆锥至方锤形，果面深红色、有光泽；一级花序单果重55克，最大单果重106克；果肉红色，髓心空，味微酸、香甜，风味好，可溶性固形物含量为14%；果实硬度大，耐贮运（见彩图21-4）。适应不同的土壤和气候条件，抗旱性强，耐高温，对多种重茬连作病害具有高度抗性。适合促成、半促成和露地栽培。供鲜食和冷冻加工，品质优良。

（25）星都1号

北京市农林科学院林业果树研究所以全明星×丰香选育而成的早熟品种，2000年通过审定。植株生长势强，较直立。叶绿色，椭圆形。果实圆锥形；一、二级花序平均单果重25克，最大单果重42克；果面红色、有光泽；果肉红色，甜酸适中，香味浓，可溶性固形物含量为8.5%～9.5%；种子平于果面，黄、绿、红色兼有且分布均匀；果实较硬，耐贮运（见彩图21-4）。适宜于全国主要草莓产区种植。

（26）天香

北京市农林科学院林业果树研究所育成的早熟品种，以法国品种达赛莱克特为母本、美国品种卡麦罗莎为父本杂交育成，2008年通过审定并定名。植株生长势中等，株形开张。叶片圆形，绿色，厚度中等。果实圆锥形，果形整齐；果实大，最大单果重58克；果面橙红色、色泽鲜亮；果肉橙红色，风味浓郁，可溶性固形物含量为8.9%；种子平于或微凸于果面，黄、绿、红色兼有；果实硬度大，耐贮运（见彩图21-4）。适宜于日光温室栽培。

（27）红袖添香

北京市农林科学院林业果树研究所培育的早熟品种，亲本为日本的红颜和欧美的卡麦罗莎，采摘时会散发出淡淡的幽香，2010年暂定名为红袖添香。植株生长势较强，较直立。叶片椭圆形。果实长圆锥形或楔形，果实大；果面深红色、有光泽；连续结果能力强，丰产性好，产量高；一、二级花序平均单果重51克，最大单果重98克；种子红、绿、黄色兼有，平于果面；果实香味浓郁，含糖量高，酸甜适中，可溶性固形物含量在10.5%以上（见彩图21-4）。抗病能力强。适宜于北方地区日光温室栽培。

（28）红玉

植株生长势强，直立，株高约22厘米。果实发育期为40天左右，采收期可延续到翌年4月。果大，平均单果重达到23克；果实呈长圆锥形，红色，着色均匀，味甜，可溶性固形物含量为8.6%～14.8%（见彩图21-4）。

（29）越丽

早熟品种。植株直立，生长势中等。顶花序单果重39.5克，平均单果重17.8克；果实圆锥形，平均硬度为331.82克/厘米^2；果面平整、红色、光泽强；髓心淡红色、无空洞；果实甜酸适中，风味浓郁，全年平均可溶性固形物含量达到12.0%，其中2月最高（平均为13.8%），总糖含量为9.9%、总酸含量为7.08克/千克，维生素C含量为61.0毫克/100克（见彩图21-4）。

（30）越心

休眠浅，早熟品种。植株生长势强，直立，株高22厘米，耐低温、弱光；匍匐茎抽生能力强。果实呈短圆锥形或球形，果面平整、浅红色、着色均匀；种子微凹于果面；果肉白色，风味极佳，甜酸适中，香味诱人，可溶性固形物含量为12.0%～14.5%；花芽分化期早，连续结果能力强（见彩图21-4）。丰产性、耐贮性好。

（31）白雪公主

株形小，生长势中等偏弱。叶色绿。花瓣白色。果实较大，最大单果重48克；果实圆锥形或楔形，果面白色、光泽强；种子红色，平于果面；萼片绿色，着生方式是主贴副离，萼片与髓心连接牢固；果肉白色，髓心色白，果实空洞小，可溶性固形物含量为9%～11%，风味独特（见彩图21-4）。抗白粉病能力强。

（32）太空2008

植株生长势中等。叶片中大，紧凑；叶片椭圆形，叶色深绿，叶背面密生茸毛，叶表面有稀疏茸毛。花大，花柄粗硬，花粉多，自花结实能力强。畸形果少；果实特大，一般单果重20～40克，最大重89克；果实多为长圆锥形及长楔形；连续结果能力强；果皮有韧性，果肉软硬适中，完全成熟后果面鲜红色、有光泽，果肉红色，果味甜酸，甜味突出（见彩图21-4）。

（33）妙香

暖地品种。果实长圆锥形，平均单果重35.9克；果面鲜红色、有光泽；果肉红色，质脆，髓心小，可溶性固形物含量为8.7%；果实硬度为0.76千克/厘米^2，较耐贮运；果实发育期为30天左右（见彩图21-4）。

（34）白色恋人

是一种较稀少的白草莓，通体白色。因果皮缺少红色花青素，成熟后果实为白色，口感细腻、香甜，富含维生素C、果糖、蔗糖、葡萄糖等能提高甜度的成分，可溶性固形物含量在10%以上（见彩图21-4）。

第22章　草莓的育苗技术

　　苗木质量对花芽的数量、质量及浆果产量具有决定性作用，是草莓优质高产的基础。优质壮苗产量可达3.5吨/亩左右，劣质弱苗仅为1吨/亩以下。因栽培方式不同，草莓苗的选择标准也不同。一般标准为植株完整、健壮，具有4片以上发育正常的叶片，叶柄粗壮而不徒长，叶片大而肥厚、呈鲜绿色，须根系发达，根色乳白、鲜亮，根长5厘米以上，无明显的病虫害，茎粗（直径）1厘米以上。草莓繁殖育苗方式有匍匐茎繁育、分株繁育、种子繁育和组织培养。目前生产上主要采用匍匐茎繁殖育苗，其育苗技术要点如下。

22.1　母株选择及管理

1. 母株选择

　　选择品种纯正、生长健壮、无病虫害、有4片以上叶片、根系发达的草莓植株作为生产用母株（见彩图22-1）。此外，繁殖用母株应取自繁殖圃内当年繁殖的健壮匍匐茎苗或假植苗，最好是脱毒苗。如果是脱毒苗，最好用原种苗或1代苗。

2. 母株管理（培育壮苗）

　　当匍匐茎抽生幼叶时，前端用细土压住，外露生长点，促进发根。进入8月以后，匍匐茎子苗布满床面时摘心。1株保留5～6个匍匐茎苗，去掉多余的匍匐茎。9—10月即可培育出壮苗。

22.2　整地

应选择光照充足、地势平坦、排灌方便的地块作繁殖圃。要求土质疏松，有机质含量高，前茬未种过草莓、烟草、马铃薯或番茄，以免发生再植病害或共生病害。定植前必须施足底肥，耕耙土壤。施优质腐熟有机肥5吨/亩，氮磷钾复合肥50千克/亩，过磷酸钙40千克/亩，硫酸锌、硫酸镁、硫酸亚铁、硼砂等微肥各2千克/亩，同时施入防治地下害虫药。整地前，先把肥料和农药均匀地撒于地面，然后耕翻耙细，做畦，畦宽2米（见彩图22-2）。

22.3　母株定植

1. 定植时间

春季土壤解冻后、秧苗萌芽前应及早进行定植（见彩图22-3）。一般在春季日平均气温稳定在10℃以上时开始定植。

2. 定植规格

繁殖用母株的栽培密度因所繁殖品种抽生匍匐茎的能力和土壤肥力水平的不同而异。一般每株秧苗留有0.5平方米的繁殖面积。对于繁殖能力强的品种，在肥水管理水平高的情况下可留有1平方米的繁殖面积。2米宽的畦每畦可栽植2行，行距为1米、株距为0.5～1.0米，平均栽植密度为650～1300株/亩，可产草莓苗3万～4万株/亩（见彩图22-4）。

3. 栽植方法

草莓栽植的关键影响因素是栽植深度，适宜的栽植深度是"深不埋心，浅不露根"（见彩图22-5）。栽植过深，埋住苗心，轻则导致缓苗慢、新叶不能伸出、生长慢、繁殖系数低、产苗量下降、苗木规格小，重则导致秧苗腐烂死亡；栽植过浅，则根系外露，易使母株干枯死亡，会降低栽植成活率。此外，栽植时还应使根系舒展，以利于其生长发育。栽植后要立即浇透水1次，水下渗后及时将倒伏的秧苗扶正，并将裸露的根系用泥土埋严，将埋住苗心的土壤去除，并用清水冲净。在同一地块栽植1个以上品种时，相邻2个品种之间的行距应适量加大，以免2个品种的匍匐茎相互交叉，造成品种混杂。栽植前应对秧苗进行整理，摘除老叶、枯叶，每株秧苗留2～3片心叶即可。

22.4 苗期管理

1. 土壤管理

苗地土壤肥沃，空间大，极易产生杂草。繁殖圃土壤管理的主要任务是中耕除草，需要反复多次铲除杂草，进行中耕保墒；也可进行化学除草，用48%的氟乐灵乳油喷洒地面。草莓根系分布浅，植株小，为保证植株正常生长，提高匍匐茎的抽生能力及分苗率，地表应保持湿润。草莓不耐涝也不耐旱，暴雨过后需及时排水，以防土壤积水；当土壤水分含量小于田间持水量的60%时，需及时浇水，以保持土壤湿润，利于母株扎根生长、多发匍匐茎。

2. 肥水管理

栽植成功后应适当炼苗、蹲苗，使苗矮壮。雨季前应注意见干浇水，小水勤浇，保证秧苗正常生长发育。在植株旺盛生长初期，每隔10～15天施尿素10千克/亩，连施2次；在匍匐茎大量发生期，追施氮磷钾复合肥200千克/亩，施后灌水；在匍匐茎发生后期，停止施用氮肥，此期可叶面喷施0.3%磷酸二氢钾，以利于秧苗健壮和花芽分化（见彩图 22-6）。

3. 植株管理

植株长出新叶后要及时摘除老叶，越早、越彻底越好。在匍匐茎发生前需及时摘除老叶、病叶，以减少营养消耗和病虫危害。随着新叶的发生和秧苗的生长，每个母株均会很快吐露多个花序，花序和花蕾的生长发育会消耗大量水分和养分，严重影响母株的营养生长、匍匐茎的抽生和子苗的产量，因此当母株秧苗吐序现蕾时应及时摘除已吐露的花序。实践证明，与不摘花序母株相比，摘花序母株的匍匐茎苗产量可增加 50% 左右（见彩图 22-6）。

4. 引茎压蔓

当匍匐茎长至 30～40 厘米时，应开始引茎压蔓。引茎可使匍匐茎分布均匀，避免交叉重叠，影响子苗生长。当每株有 40～50 株子苗且子苗已经达到繁殖系数时，即可对匍匐茎进行摘心，并将匍匐茎剪断，使子苗独立生长。压蔓可促进匍匐茎苗的生长，压蔓到母株分生子苗 40～50 株时停止，以后再抽生的匍匐茎应及时摘除，以减少养分消耗，促进已形成的匍匐茎生长，提高匍匐茎苗的质量。

5. 喷施植物生长调节剂

当母株达到生长旺盛期时喷施赤霉素一两次，以促使母株秧苗早发、多发，增加匍匐茎苗产量。

22.5　花芽管理

草莓苗最佳生长温度是 25～28℃，超过 32℃生长即停止。遮阴可以降低温度，促进草莓花芽分化充分。在 7—8 月光照强、温度高时，可用黑色遮阴物在 1.5 米高的平面上遮住草莓苗，以满足草莓花芽分化所需的短日照和低温条件。草莓花芽分化期间氮素过多会

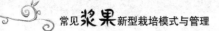

引起植株徒长、花芽分化不充分，一般8月以后不再施用氮肥，或断根阻止根系对氮素的吸收。喷施赤霉素可促进草莓匍匐茎的发生和生长，但抑制花芽的形成，且浓度越高，花芽分化越少。因此，若在育苗前期喷赤霉素，后期一定要控制其用量，以保证花芽的顺利分化。此外，应及时清除老叶，以减少抑制花芽分化物质的产生，促进草莓花芽分化。

第23章　草莓的栽培模式

随着果树栽培模式的不断发展和对草莓花芽分化及休眠特性的不断深入了解，草莓的栽培模式已从单一的露地栽培发展到露地栽培与设施栽培并存。草莓的设施栽培包括塑料大棚栽培、温室栽培等形式，具有可集约化管理、可淡季供应、产量稳定等优点，已成为草莓栽培的主要模式。近年来，日本的草莓设施栽培面积已占草莓栽培总面积的85%以上，而设施栽培中标准化现代塑料大棚形式占95%以上。我国地域辽阔，各地因地制宜，利用地膜覆盖、拱棚、塑料大棚、日光温室等设施栽培模式进行草莓的早熟栽培、半促成栽培及促成栽培，使草莓的采收期得以提早或延迟，大大缓解了露地栽培产品集中上市的突出问题，延长了草莓鲜果的供应期，大大提高了草莓的产量和经济效益。

23.1　露地栽培

草莓露地栽培是指不采用塑料大棚等设施、在开放的自然状态下栽培草莓的方式，需要建园。露地栽培主要有一年一栽制、两年一栽制两种形式。露地栽培的优点是栽培成本较低，田间操作方便；不足之处是难控制雨水等自然条件，病害较多，果实成熟期较迟，产品市场竞争力不强。在雨水较多的地区露地栽培应用较少（见彩图23-1）。

1. 园址选择

草莓属浅根系植物，忌涝、怕旱。建园时宜选择无直接污染、地势平坦、排灌及光照条件良好、土壤肥沃疏松、pH 5.0～7.5的地块，栽培时基质可放在袋中，参见彩图23-2。

草莓生长受温度的影响较大。春季气温达到5℃时，植株开始萌芽生长，此后若遇到7℃的低温，就可能发生冻害。草莓生长的最适温度是15～25℃，25℃以上生长开始减缓，30℃以上生长受到抑制。此外，草莓花芽分化期，需要10～12小时的短日照和5～15℃的温度；开花期温度过低（0℃以下）或过高（40℃以上）都会影响草莓授粉受精。因此，栽培地的温度是露地栽培园址选择时应考虑的重要因素。在安徽长江以北地区，倒春寒常给草莓带来冻害，应予以充分重视。

2. 基本建设

选择好栽培地块后，需要根据地块大小修建道路、架设电路、修建水利。若地块土壤过于黏重，还要进行土壤改良。

（1）修建道路

草莓园道路应根据面积、交通情况修建，保证肥料等生产资料能方便地运进来、产品能顺利地运出去。同时，应保证道路在阴雨天也能正常使用。道路的宽度应根据使用要求确定，一般主干道应满足2辆货车交会的需要，支路能满足1辆货车正常行驶的需要。

（2）果园电路

电路是草莓园灌水、电力机械使用和安全看护等所必需的。电路的铺设应由专业人员实施，以免发生安全事故。

（3）排灌条件

草莓对水较敏感，不论是采用何种栽培方式，建园时都要考虑水利设施的建设。草莓栽培上最常用的灌水方法是滴灌。这种方法省水、省工，对土壤不良影响小，并且可以实现肥水一体化。滴灌系统主要由水源（深井等）、增压装置、管道、滴管带和施肥器等组成，建设方法简便，投入成本较低，使用方便（见彩图23-3）。

（4）土壤改良

栽培草莓的土壤一般要求较高，如果土壤过于黏重，栽培前就需要用沙土对其进行改良（见彩图23-4）。草莓的生长受土壤pH值的影响，最适pH值为5.0～7.5，在过酸（pH＜5.0）或过碱（pH＞7.5）的土壤中草莓生长不良。

3. 平地整畦

（1）平地施肥

对种植地块施有机肥后，进行深翻（20～30厘米），深翻后耙平，去除杂物。草莓根系浅，对肥料要求较高，但耐肥力又较弱。因此，定植前不宜施用化肥。

（2）整畦

畦长应根据地块来定，但为了操作方便，不宜过长，一般应在30米左右，畦间应留1条通道；畦宽60～150厘米；畦埂高15～20厘米，地势低的地块要提高畦面的相对高度；沟宽30厘米左右。对于土壤疏松的地块，整畦后应灌1次水或进行适当镇压，使土壤沉实，以防栽苗后浇水使苗木下陷，造成泥土淤苗、土表出现空洞、露根现象（见彩图23-5）。

23.2　塑料大棚栽培

草莓是一种喜温作物，大棚栽培的方式比较多见。塑料大棚因成本低、种植效果较好，是草莓大棚栽培中较受欢迎的形式（见彩图23-6）。

1. 栽培地选择

草莓为喜光植物，在温室条件下，由于薄膜的作用，自然光照不可能全部射进室内，北面墙的遮挡也会减少光照。因此，栽培地应选择背风向阳、光照条件好、地势平坦、土层较厚、保水保肥性较好的肥沃壤土或沙壤土地块，并且灌水、排水方便，周围没有污染源。

2. 整地施肥

种植草莓的地块要求全整地，把地整平整后施用底肥，每亩施腐熟有机肥2000千克、菜饼100千克、45%无机复合肥50～80千克，每隔30厘米一畦，畦高20～30厘米，畦宽40～50厘米。

在定植前半个月，为了预防根腐病、凋萎病、叶枯病等，应用三氯硝基甲烷（15～20升/亩）进行土壤消毒。有条件的地方可用黑色地膜覆盖栽培草莓的种植畦，这样不但可以降低成本，增加抗性，提高产量，而且可以使草莓苗前期不徒长、后期不早衰、生长稳健，膜下行间不长杂草。

3. 品种选择

不同草莓品种休眠期长短及耐低温能力不同，适合的栽培模式也不同。

（1）促成栽培情况

促成栽培是指在花芽分化后、尚未休眠之前进行保温，抑制其休眠，使其提前生长结果。采果期为12月中旬至翌年3月。宜用于花芽分化早、休眠浅、耐寒、丰产、品质优良的品种。

（2）半促成栽培情况

半促成栽培是指草莓在自然条件下完成花芽分化和自然休眠后进行加温，加快其生长结果。采果期为2月下旬至4月。宜用于休眠程度较深的品种。

4. 定植时间与方法

定植在花芽分化前进行，江浙地区一般在9月上旬。每畦栽2行，株距为10厘米，每亩定植15000株左右。定植时要尽量使根系展开，苗心稍高于垄面，不可太深。栽后灌水，要把垄下部浇透，1周内保持土壤湿润。在定植后的2～3天，如果温度过高，可用遮阳网适当遮阴。定植后1周内，每天早晚各浇1次水，秧苗返青后，及时掰去老叶、病叶和匍匐茎，并注意病虫害预防。定植后，植株继续完成顶花芽分化，并开始第1级腋花芽分化。因此，应适当控制肥水，以防止植株生长过旺。

23.3 日光温室栽培

1. 温室结构

温室均建在避风、向阳、地势平坦、水源充足、排水良好、透气性好的肥沃沙壤土地块上。多为钢架结构，东西长50～60米，跨度为6～8米，高2.7～3.1米；后墙厚1米，高1.8～2.2米，单室面积为400平方米左右。采光面覆盖塑料薄膜，加盖草帘，后墙上设20个透气孔，用于通风和调节温、湿度（见彩图23-7）。

2. 整地施肥

每亩施菜饼100千克、45%复合肥50千克。深翻细耙后起垄（宽80厘米、高30厘米），垄顶耙平，顶宽30～40厘米。设滴灌设备，以便于供水。

3. 品种和苗木选择

选择休眠期短、品质优、抗病、丰产的优良品种作主栽品种。苗要求根系发达、一级根10条以上，叶柄粗短且长15厘米左右，成龄叶3片以上，茎粗0.7厘米以上，无病虫害。

4. 定植

8月下旬至9月上旬，在垄上双行定植，株距为15～20厘米，每亩栽植1.0万～1.5万株。为便于管理和采收，栽植时需使秧苗弓背朝向垄外。栽植深度要"深不埋心，浅不露根"。为提高成活率，需尽量带土移栽；如不带土移栽，可用清水浸根24小时或用5～10毫克/升的萘乙酸浸根2～6小时后栽植。栽前剪除部分老叶、残叶，尽量选择阴天栽植，以减少叶面蒸发。注意栽后及时浇水，随栽随浇；随后每天浇1次水，连浇3次；以后地面见干再浇。晴天烈日时，要用苇帘进行遮阴。

5. 扣棚前管理

扣棚前保持地面湿润，一般每周浇1次水。草莓缓苗后，及时摘除老叶、病叶、残叶。要进行田间锄草，注意锄草时只锄地表，切忌带动根系。每10天左右喷1次杀菌剂，主要喷施70%甲基托布津1000倍液或退菌特、粉锈宁等。扣棚前喷1次多抗霉素400倍液和杀虫剂防治蚜虫。每亩追施尿素10千克或三元复合肥20千克，施肥后及时浇水。

6. 扣棚后管理

（1）扣棚和温、湿度的调控

扣棚期应根据气候特点、休眠开始时间和花芽分化状况而定，一般在10月中下旬。扣棚后要打开通风口，夜间温度不低于10℃；白天温度不要太高，使秧苗逐步适应棚内环境。一般扣棚5～7天后，棚内夜温低于10℃时关闭通风口，开始升温。第1周，白天30～35℃，夜间8～10℃，用高温打破休眠；现蕾后，白天25～28℃，夜间7～8℃；开花后，白天23～25℃，夜间不低于5℃，以7～10℃为宜。

（2）赤霉素处理

覆膜后，植株出现1～2片幼叶时，喷5～10毫克/升赤霉素，以促进幼叶生长。现蕾期（一般10月下旬）进行第2次赤霉素处理，以促进花柄伸长，便于授粉。赤霉素一般每株3～5毫升，喷洒在苗心上。

（3）肥水管理

第1次幼果膨大期，随浇水每亩施尿素20千克、钾肥30千克，以增加单果重和果实硬度。根外追肥，开花前半月1次，开花后7～10天1次，可喷0.3%尿素加0.3%磷酸二氢钾或多元叶面肥等。盛花期禁止叶面喷肥。早晨草莓新叶叶尖上无小水珠，即应浇水。浇水要小水勤浇，以节水促长。

（4）花果管理

草莓花序上的高级次花往往不育或结果小，所以开花前应将高级次花花蕾疏去，每株留8果，可使浆果提前成熟并增加单果重。花期放蜂可以提高座果率。一般在开花前3～4天，按1株草莓1只蜂的比例放蜂，把蜂箱放在棚内东南或西南角，箱门朝西北或东北角。放置时间宜在早晨或傍晚，傍晚时打开箱门，让蜂适应环境，保持20～25℃的蜜蜂最佳生活温度。保温开始后10～15天，覆盖黑色地膜，并通过通风或打开透气孔调节空气湿度，避免湿度过高。

（5）病虫害防治

覆膜后，棚内温度高，湿度大，易发生白粉病、灰霉病。可根据具体情况，于开花前喷多抗霉素400倍液或70%甲基托布津1000倍液。为防止产生畸形果和果实污染，花期和结果期不喷药，但应清除病株、病叶。

23.4 立体栽培

温室草莓立体栽培也称垂直栽培，是相对于大田栽培模式而言的，在尽量不影响地面栽培的前提下，以竖立起来的栽培柱或其他形式作为植物生长的载体，充分利用温室空间和太阳光照的一种无土栽培方式。立体栽培具有可提高空间利用率和单位面积产量、解决重茬问题、减少土传病虫害等优点，使草莓的经济价值和观赏性大大提高。当前，草莓立体栽培已成为设施栽培中的一个亮点（见彩图23-8）。

1. 草莓立体栽培主要形式

（1）传统架式栽培技术

该技术是以分层式框架为栽培容器，在容器内种植草莓的一种栽培技术。分层式框架主要有"A"字形架和阶梯形架两种。栽培架要南北向排放；为保证光照条件和减少遮光，排放时应选取适当的栽培架间距。架式栽培包括基质栽培和水培两种。

（2）改良架式栽培技术

该技术是对传统的"A"字形栽培架进行了改进，改良后包括以下两种形式。

1）移动式立体栽培技术

栽培装置主要包括栽培架、栽培槽、导轨、两端带有滚轮的支撑轴和传动机构。栽培槽固定在栽培架的两边，2根导轨固定在温室地面上，2根支撑轴安装在栽培架下方，滚轮与导轨配合，并在导轨上运动，传动机构驱动支撑轴转动。通过滚轮使栽培架左右平行移动，空出人行通道。采用该装置不仅可以使草莓植株充分地接受阳光，提高果实品质，还可以使温室空间得以充分利用，大大提高单位面积产量。

2）开合式立体栽培技术

栽培装置包括支架、栽培架、定植槽、转动主轴、减速电机和曲柄连杆机构。支架用于支撑整个立体栽培装置，支架的上端通过滑动轴承与栽培架铰接，定植槽安装在栽培架上，转动主轴和减速电机安装到支架上，曲柄连杆机构的一端与转动主轴连接，另一端与栽培架铰接。草莓植株正常生长时，栽培架处于倾斜展开状态。当进行管理和采摘时，通过调整栽培架角度可使其处于垂直收拢的状态。

（3）柱状立体式栽培技术

该技术是用立柱来支撑和固定栽培钵以进行栽培的技术。立柱由水泥墩和钢管组成，要南北向成行固定在地面上，间距不少于0.5米。栽培钵为中空、四瓣或六瓣结构，用PVC材料制成，各栽培钵间相错叠放在立柱上。由于栽培柱南面能够见到直射光，北面只能见到散射光，光照差异会导致草莓植株生长不一致，因此，需要隔3～4天转动1次栽培柱，以保证植株生长整齐，开花结果一致。

在栽培柱内，苗根部相对集中，浇水施肥相当于直接作用于根部，肥料流失少，见效快，提高了肥料利用率；同时各栽培柱相互独立，还可以减少病虫害的传播。该技术的最大缺点是浇水次数多，春季每3～4天需浇1次水，夏季炎热时1天浇1次水。此外，栽培柱越冬管理比较困难，需要每年重新栽植1次。

（4）墙体栽培技术

墙体栽培技术是指将特定的栽培设备附着在建筑物的墙体表面进行栽培的模式，可以有效地利用空间，节约土地，提高单位面积产出比。在日光温室后墙上设置栽培管道，根据后墙高度可设置3～4排。后墙管道的采光条件较好，可充分利用太阳光，有利于草莓植株生长和果实品质提高。

（5）高架栽培床技术

高架栽培床技术是指通过水培、基质栽培等方式，在现代设施大棚内将草莓置于高架栽培床上进行栽培的模式。该技术具有高投入、高产出的特点，且所得果实品质优，食用安全性好，适合观光农业和规模化生产。近年来，该技术已在日本、荷兰、美国等国家得到开发和应用，尤其是在日本发展较迅速。

2.草莓立体栽培技术要点

（1）品种选择

运用立体栽培技术栽植草莓，需要结合栽培地的实际条件，尽可能选择休眠浅、花芽分化期早、单果大、结果能力强的优质草莓品种。此外，还应用根系发达、秧部粗大的壮苗来栽植，以减少病虫害对草莓生长的不利影响。

（2）培养基质

草莓基质的选用应遵循低成本、高效率的原则。常用于无土栽培的有机基质包括玉米秆、向日葵秆、酒糟、锯末、树皮和草炭等，无机基质包括炉渣、沙子和珍珠岩等。值得一提的是，有机生态型的无土栽培模式能够大幅度减少肥料用量，提高草莓果实中维生素C的含量，还可以达到保护周边环境的目的。无论何种基质，用前都需进行消毒处理。

（3）温、湿度管理

由于栽培槽内的基质体积较小，缺少缓冲空间，较易受到低温的影响，需要及时关注气温，做好保温工作。尤其是在北方地区，要在10月中旬左右开始扣大棚保温，大棚内白天温度控制在28～30℃，晚间温度控制在12～15℃，湿度控制在40%～50%。

（4）花期管理

立体栽培处在一个相对密闭的空间，为提升草莓的座果率，可以利用人工授粉或定期放置蜜蜂的方式来辅助授粉。利用蜜蜂进行辅助授粉时，蜜蜂数量应当与草莓的株数大致相同，并且蜂箱放置的时间为花期到来之前的3～5天。

（5）采收

为了保证草莓的营养价值，应当在草莓果面呈现七成红时采收，通常采摘时间为8：00—10：00和16：00—18：00。在春季或冬季温度较低时，可将草莓的采收时间放到每年的8—9月。采摘草莓时，操作时要做到轻拿、轻摘、轻放，切记不要损伤草莓的花萼。采摘完成后还要将草莓鲜果进行分级盛放，同时做好后续保鲜工作。

当前，草莓的立体栽培模式已得到了一定发展，但立体栽培形式和栽培装置仍然需要不断地探索与创新，以确定符合草莓植株生长、方便管理、设备简单可靠的方式，逐步实现草莓立体栽培的机械化、标准化生产。

第24章 草莓的病虫害及其防治

 ## 24.1 防治的基本原则及方法

1. 农业防治

农业防治包括选择抗病品种、实行轮作换茬、选用无病地、进行无菌苗栽培、合理密植、摘除病原物、实行地膜覆盖、增施钾肥并避免施用过多氮肥、注意棚内通风降湿、清洁田园等。

2. 物理防治

物理防治包括阻隔防治、驱避防治、太阳能消毒和诱杀等。其中阻隔防治的常用方式为在棚室放风口设防虫网；驱避防治的常用方式为在放风口挂银灰色地膜；太阳能消毒指利用7—8月高温闷棚进行土壤消毒；诱杀指利用黄板诱杀部分害虫。

3. 生物防治

生物防治指利用生物活体或其代谢产物对病虫害进行防治。生物防治药剂具有专一性，不同的病虫害应选用相应的药剂进行防治。

4. 生态防治

生态防治指通过对温度、湿度等生态环境因子的调控来达到对草莓病虫害防治的目的。

5. 药剂防治

使用药剂可以达到对草莓病虫害的有效防治。常用药剂的种类很多,包括凯泽、使百功等。不同的病虫害应选用不同的药剂来防治。有些药剂可防治不同的病虫害,但其剂量不尽相同。

 ## 24.2　病害

1. 草莓灰霉病

在潮湿条件下和25℃左右时最容易发病,座果期与采收后期发病最为严重。发病症状见彩图24-1。以预防为主,用药最佳时期为草莓20%以上第1花序开花和第2花序刚开花时。可用凯泽1200倍液(病害较重时可加百泰1500倍液)、农利灵1000倍液、50%使百功1000~1500倍液或龙克菌500~600倍液防治,现混现用,交替用药,连续防治2次。在果下垂茎后,及时用鲜稻草垫果,以防侵染。注意排湿增温,遇有阴天及时全株喷施活性菌生物药特立克600倍液+红300倍液。在已感染病害的情况下,早上摘除病叶、病果,傍晚用速克灵1000倍液,或农利灵600倍液+施尔富300倍液,或施美500倍液+基因活化剂1000倍液混合喷雾。

2. 草莓白粉病

病原菌为单囊壳属,借助气流或雨水扩散,最适发病温度为25~30℃,会感染多种作物,已经普遍对三唑酮类农药产生了抗性,座果期与采收后期均易发病。发病症状见彩图24-2。露地栽培关键预防期为开花前花茎抽生期。可用百泰1500倍液、25%使百克1000~1500倍液或龙克菌500~600倍液喷雾,7~10天喷1次。小拱棚栽培预防期为12月前后及翌年5月前后,发病初期预防和防治用武夷菌素1000倍液、翠贝3000倍液、50%使百功1000~1500倍液、凯泽2000倍液+成标500倍液或龙克菌500~600倍液。要注意药剂

的轮用，不要连续使用同一种药剂2次以上。如遇到半阴半晴、湿度大、无对流的天气，可及时向叶面喷雾王夷菌素、依天绿800倍液+土精1粒（兑水15千克）或0.36%全中600倍液+腈菌唑1000倍液+施尔富300倍液。

3. 草莓褐斑病

在土壤有机质含量低、湿度大、光照不足时易发生。发病症状见彩图24-3。可通过擦拭棚膜、增高温度、叶面喷施金霉唑1000倍液+光合促进剂500倍液+摩尔蛋白肥600倍液等措施来防治。

4. 草莓红中柱病

该病为土壤病害。发病症状见彩图24-4。应在定植后、普遍浇定根水前，向根部浇益威800倍液，或事先在距地表5厘米深的土层中拌全益威生物菌；在未用活性生物菌的情况下，可在定根水中加入甲覆灵800倍液+根复特800倍液。待水渗净后覆土到苗心基部。

5. 草莓叶斑病

发病与否主要与品种抗性有关。发病症状见彩图24-5。防治以诱导抗性为主，发现叶片长势偏旺，及时在傍晚用施特灵400倍液、低聚根素300倍液+若尔斯1粒（兑水15千克）、消素立1000倍液+基因活化剂1000倍液或无菌地带1500倍液+诺尔1000倍液，间隔5～7天喷1次，视天气状况定喷雾次数。

6. 草莓病毒病

发病症状见彩图24-6。防治可用嘧呔酶素300倍液治根，或定植时浇根，用消毒粉1000倍液栽植或苗期喷雾。在掐匍匐茎或摘病叶后，及时喷两种防病毒药。

7. 草莓根腐病

从草莓下部叶开始发病，根的中心柱呈红色，支柱从中间开始变成黑褐色而腐败，叶缘变成红褐色，逐渐向上凋萎，直至枯死。发病症状见彩图24-7。防治措施为：草莓移栽前用40%芦笋青粉剂600倍液浇于畦面，然后覆土、整平、移栽。

8. 草莓青枯病

发病症状见彩图24-8。防治措施有多种。一是加强栽培管理。通过种植地土壤消毒、合理轮作、选用脱毒种苗栽培等措施来减少病虫害的发生。二是采用药剂防治。定植时用青枯病拮抗菌MA-7、NOE-104浸根，抑制青枯病菌侵染；发病初期可喷30%绿得保悬浮剂400倍液或14%络氨铜水剂350倍液，间隔7～10天喷1次，一般喷2次，也可用72%农用硫酸链霉素4000倍液灌根。

9. 草莓黄萎病

该病是土壤病害。初期主要症状是幼叶畸形，叶变黄，叶表面粗糙，随后叶缘变褐色，叶凋萎，直到枯死。发病症状见彩图24-9。防治措施为：引入无病植株种植；缩短更新年限；播种或定植前对土壤进行消毒灭菌，方法是每亩用三氯硝基甲烷13.5～20.0升，穴施或沟施，施后封土盖膜，揭膜后要散气，待没有药害后方可育苗或定植，要注意施药人员安全；也可用太阳能消毒，方法是在7—8月的高温期，深翻，灌水，盖地膜，利用膜下高温杀死病菌；在栽植前，用20%甲基托布津300～500倍液浸根5分钟以上，以防种苗带菌；已发病者必须拔除并烧毁。

10. 草莓炭疽病

草莓炭疽病主要发生在育苗期（匍匐茎抽生期）和定植初期，结果期很少发生，主要危害匍匐茎、叶柄、叶片、托叶、花瓣、花萼和果实，染病后的明显特征是草莓株叶受害，可造成局部病斑和全株萎蔫枯死。发病症状见彩图24-10。防治措施为：选用抗病品种；对苗床土壤消毒，尽量实行轮作；用速净70～100毫升＋大蒜油15毫升＋沃丰素25毫升＋有机硅适量（兑水）喷雾，3天喷施1次，连喷两三次，病情得到控制后改为预防；控制苗床繁育密度，不过量施用氮肥，增施有机肥和磷钾肥，培育健壮植株，提高植株抗病能力；及时摘除病叶、病茎、枯叶、老叶和拔除病株，并将它们集中烧毁，减少传播；从草莓苗匍匐茎抽生期开始用药预防。

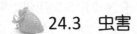 24.3　虫害

1. 蚜虫

蚜虫的形态特征见彩图24-11。防治措施为：及时摘除老叶，清理园地，集中销毁受害植株。春季到开花前，应用药剂喷洒防治一两次，可用敌百虫或敌敌畏500克（兑水1吨）喷洒，也可用乐果1500～2000倍液。

2. 红蜘蛛

红蜘蛛的形态特征见彩图24-11。防治措施为：清扫园地，减少虫源。花序初显时发生虫害可喷波美0.3度石硫合剂，隔6～7天可再喷1次；果实采收后、气温升高时如发生虫害，用20%三氯杀螨醇800～1000倍液喷雾防治。加强虫情调查，保护其天敌，尽量少用或不用对天敌杀伤力强、残效期长的农药。

3. 芽线虫

芽线虫的形态特征见彩图24-11。芽线虫由匍匐茎传播，故绝不能从被害母株上采集匍匐茎苗。在育苗过程中如发现被害苗应及早拔除，深埋或烧毁。防治措施为：用80%敌百虫乳剂500倍液喷洒，喷洒在没有危害花芽时进行。一般在8—9月的育苗期内，每隔7～10天喷洒1次，共喷三四次，喷洒时，尤其要喷洒到芽的部位。

4. 盲椿象

盲椿象的形态特征见彩图24-11。防治措施为：彻底去除草莓园内外杂草和杂树，减少寄主，去除虫源。在虫害严重但发生面积不大的园地，春秋季在向阳背风的地块人工捕杀。春季发生虫害时，喷洒1次乐果800～1000倍液，必要时在开花前喷洒1次。

5. 斜纹夜蛾

斜纹夜蛾的形态特征见彩图24-11。幼虫危害心叶和花蕾。防治措施为：发生时可喷5%抑太保1000～1500倍液，隔7～10天喷1次。

6. 地老虎

地老虎的形态特征见彩图24-11。防治措施为：栽前认真翻地、整地，栽后春夏季进行多次浅耕、细耙，去除土中的虫卵。拔除园内外杂草，集中沤肥或烧毁，消灭草上虫卵和小幼虫。清晨检查园地，如发现缺叶、死苗现象，立即在苗附近挖出幼虫并将之消灭。

7. 蝼蛄和蛴螬

蝼蛄和蛴螬的形态特征见彩图24-11。防治措施为：在果实成熟时，将90%敌百虫100克（兑水1千克）拌入切碎的鲜草或菜叶6～7千克，傍晚撒在植株周围诱杀蝼蛄和蛴螬，但绝不能与草莓果实接触。此外，可用50%辛硫磷乳油1000倍液灌根防治；果实成熟期在果序下铺草可减轻受害程度；也可在受害的果实附近挖土捕捉或诱捕蝼蛄和蛴螬。

24.4　生理病害

1. 草莓生理性白果

草莓生理性白果的症状主要是，浆果成熟期褪绿后不能正常着色，部分或全部果呈白色或淡黄白色，白色部分周围有一圈红色，界限分明（见彩图24-12）。病果味淡、质软，果肉呈杂色，并很快腐烂。防治措施为：多施有机肥，严禁偏施氮肥，选用适合于当地栽培的优良品种，应在设施栽培时采用透光率高的棚膜等。

2. 草莓生理性烧叶

草莓生理性烧叶表现为叶缘发生茶褐色干枯，严重时大部分叶片枯死，枯死斑叶色均匀、表面干净，无褐斑病、叶枯病等侵染性病害的所有症状（见彩图24-13）。雨后或浇水后烧叶减缓。防治时，根据天气、干旱情况和土壤水分含量适时补充水分，不过量施肥，施肥后及时灌水，棚内温度控制在30℃以下。

3. 草莓冻害

在初春或初冬，气温骤降时发生，表现为有的叶片部分冻死、干枯，有的花蕊或柱头发生冻害后变褐黑而死亡，幼果停止生长，干僵死亡（见彩图24-14）。防治措施为：晚秋注意控制植株生长，冬前灌防冻水，越冬及时覆盖防寒，早春严禁撤出覆盖物，寒潮来临时及时加盖地膜防寒以防晚霜危害。

4. 草莓畸形果

草莓畸形果有的果实过肥或过瘦，有的呈鸡冠状或扁平状，有的呈现凹凸不平状（见彩图24-15）。为防止此种情况，应选用花粉量多、耐低温、畸形果少、育性高的品种；设施栽培开花时尽量将温度控制在10～30℃，开花期相对湿度控制在60%，白天防止出现35℃以上的高温，夜间防止出现5℃以下的低温。

5. 草莓嫩叶日灼病

表现为中心嫩叶叶缘急性干枯、死亡，干死部分褐色或者黑褐色。由于叶缘细胞死亡而其他部分细胞迅速生长，受害叶片多数像翻转的酒杯或者汤匙，叶片明显变小（见彩图24-16）。防治措施为：

选择健壮秧苗，在土层深厚的田块种植草莓，以利于根系发育；严格控制赤霉素浓度，同时要避免在高温干旱时用药；在增施有机肥的同时，施用根系调理剂，改善草莓根系生长发育环境，增强根系吸收能力；叶面喷施高钙叶面肥和营养液，起到促长复壮的作用。

第25章　草莓的采收及贮藏

25.1　采收

草莓成熟后要及时采收，若采收过晚，浆果很容易腐烂，造成不应有的损失。草莓的采收期因栽培形式不同而有很大差异。露地栽培采收期为5月上中旬至6月上中旬；促成栽培为1月中下旬至2月中旬；半促成栽培为3月上旬至4月下旬。草莓的持续采收期约为3周。

鲜食果果面着色70%以上时可采收。着色80%～85%时最适宜采收（见彩图25-1），这时的果实品质好，果形美，相对耐贮运。用于加工果酒、果汁、果酱、果冻的，要求果实完全成熟时采收，以提高果实的糖分和香味。草莓果成熟期不一致，必须每天或隔天采摘1次，每次应将成熟果采尽，不可延至下次，以免因过熟腐烂殃及其他果。采收要在早晨露水干后或傍晚前天气凉爽时进行，中午前后因天气太热不宜采收。

草莓采收时必须轻拿、轻摘、轻放，与果柄一同采下，用大拇指和食指指甲把果柄掐断，立即放入容器中。采收容器应用纸箱或塑料箱，箱内垫放柔软物。采收时最好边采收边分级，并分开放，将畸形果、过熟果、烂果、病虫果剔除。果实分级标准如下：单果重20.0克及以上为大果，10.0～19.9克为中果，5.0～9.9克为小果。草莓采后应放在阴凉处或预贮室散热。运输时最好用透明小塑料盆装，单盒装果0.25～0.50千克，然后将小包装盒装入载量不超过5千克的大箱。运输时选择最佳路线，尽量减少震动。

25.2 贮藏

草莓极不耐贮藏，在常温条件下（25℃）贮藏1～2天就会因变色、变味而失去经济价值。为了延长果实贮藏期，在贮藏前应做好以下准备工作：一是选种。不同品种具有不同的耐贮性和对灰霉病的耐受性，尽量选用耐贮藏、耐运输的草莓品种，如狮子头、宝交早生、鸡心、戈雷拉、绿色种子等。二是挑选。选择着色好、大小均匀、果蒂完整的草莓进行贮存，防止烂果、病果、畸形果混入。三是清洗。清洗机清洗后，用0.05%高锰酸钾水溶液漂洗30～60秒，再用清水漂洗，沥干（见彩图25-2）。完成这三个步骤后，再进行草莓的贮藏。

1. 预冷保鲜

采用草莓预冷保鲜，可以有效推迟采收后的后熟进程。预冷保鲜需要做好以下几点：一是尽快入库。草莓采收后应尽快放进冷藏库，数量大时可边采收边入库，以尽量缩短采收、分级、包装时间。二是有序摆放。在冷藏库内，收获专用箱要成列摆起排放，两列之间的间距应大于15厘米，冷风直接吹到的部位不宜放置收获箱，以防草莓果受冻。三是控制好温、湿度。库内湿度要保持在90%以上，正常条件下温度应保持在5℃左右（不要降至3℃以下）。4—5月气温升高时，库内相对温度可维持在7～8℃，以避免草莓装盒时结露。入库2小时内尽量不要开启库门。入库前，如果草莓果实温度在15℃左右，需要在预冷库内放置2小时以上才能使草莓果降到5℃左右；如果草莓果实温度在20℃左右，则要在预冷库放置2～4小时。四是取出装盒。草莓果装盒要坚持分批、多次、少量的

原则，小包装用长15厘米、宽10厘米、深5厘米的塑料小盒，一般每盒装2层草莓果（见彩图25-3）。五是再次入库。装好后随即再次入库，入库时按草莓果大小分级堆放，间距应大于10厘米。待草莓果实温度降至5℃左右时，再放置2～3小时。

2. 冷杀菌保鲜

室温条件下微生物侵染草莓，会使其呼吸作用旺盛，引起早衰，并且水分蒸发会使草莓大量失水，导致新鲜度降低。低温可以降低草莓的呼吸作用，抑制微生物的活动。方法是将草莓装入塑料盒或其他非硬质容器内，置于温度为0℃、相对湿度为85%～90%的环境下保鲜，要注意避免温度的波动变化。

3. 速冻保鲜

草莓清洗后，用0.05%高锰酸钾溶液漂洗30～60秒，再用清水漂洗后沥去水分。要求冻品呈块状的，一定要摆放平整、紧实；要求冻品呈粒状的，摆放不必紧实，以防结成块状。采用-40～-35℃进行速冻，最后称重包装，置于-18℃的低温冷库中贮藏。

4. 涂蜡保鲜

涂蜡保鲜是近几年发展较快的物理保鲜技术，多采用壳聚糖膜。壳聚糖膜31天后仍能使草莓保持较高的硬度和维生素含量。壳聚糖浓度会影响草莓的品质及贮藏时间，目前推荐的壳聚糖最适浓度为0.5%。采用0.8%对羟基苯甲酸乙酯和0.5%单硬脂酸甘油酯复合膜，保鲜效果也较好。

5. 钙离子处理

钙离子处理可减缓可溶性固形物含量、硬度、维生素C含量、可滴定酸含量在贮藏过程中的降低速度，减少果实失重程度。同时，对草莓进行钙离子处理还能抑制微生物繁殖，降低腐烂程度，延缓衰老进程，使草莓更具耐贮性。

6. 植酸浸果处理

植酸具有络合金属离子、抗氧化及缓冲pH的作用，它本身的防腐效果不明显，要与其他防腐剂配合使用，具体应用0.1%～0.15%植酸溶液+0.05%～0.10%山梨酸、0.1%过氧乙酸。经浸果处理后，草莓在室温下可以保鲜6～8天，低温冷藏可保鲜15天，好果率达90%～95%。

7. 二氧化硫处理

将草莓放入塑料盒中，再放入1～2袋二氧化硫缓释剂（与草莓保持一定距离），然后密封。使用1袋二氧化硫缓释剂可贮藏20天，好果率为66.7%，商品率为61.1%，漂白率为8%，贮藏效果较好。

8. 气调贮藏

草莓果实先置于0.3%过氧乙酸加50毫克/千克赤霉素的冷却混合液中浸泡1分钟，然后用0～1℃的冷风吹干药液。将果实置于特制的包装盒内，用厚度为0.04毫米的聚乙烯塑料袋套好，在袋中远离果实处放入适量的亚硫酸氢钠及乙烯吸收剂，密封袋口，在温度0～0.5℃、相对湿度85%～95%的环境中贮藏。袋内二氧化碳浓度保持在15%～20%，不宜超过25%；氧气浓度为3%～5%，不宜太低。在这种条件下，草莓可保存2个月以上。提高二氧化碳浓度，腐烂率将大大下降；但二氧化碳浓度超过20%时，草莓会产生酒精味。

9. 热激处理

所谓热激处理，就是用热蒸气进行短时间处理，以提高草莓果实的耐贮性。这是一种安全有效的物理性果蔬保鲜手段，已在多种果品贮藏上得到应用。目前，以热水为处理介质的热激处理方法研究较多。随着水温的升高，热激处理时间逐渐缩短。研究表明，贮前用热蒸气处理10～20秒可以明显抑制贮藏期间果实花青素积累，降低果实失重率、腐烂指数和呼吸速率，维持较高的SOD活性，降低脂氧合酶活性、纤维素酶活性、O_2产生速率和丙二醛含量，明显延长果实贮藏时间；而贮藏前用热蒸气处理30～40秒会使果实受到热伤害，影响外观，甚至缩短果实贮藏寿命。

10. 辐射保鲜

用适宜的剂量与处理时间对草莓果实进行γ射线等辐射处理，不仅可以杀灭果面、果实内的病原菌和害虫，还能抑制果实的新陈代谢，延缓后熟，防止腐烂。草莓的辐射剂量为20～30krd。辐射后应及时采用聚乙烯塑料袋密封，并于0℃贮藏。

11. 几丁质保鲜

几丁质是一种蒸腾作用抑制剂，能在果实表面形成一层半透膜，使氧气可以通过，但二氧化碳和水不能通过。草莓呼吸作用产生的二氧化碳在膜内聚集，使二氧化碳浓度升高，氧气浓度相对下降。这种高二氧化碳、低氧的环境抑制了草莓的呼吸作用，阻止了可溶性糖等呼吸基质的降解，减缓了营养成分的减少。

12. 超高压杀菌保鲜

将水果置于100～600MPa的均衡压强（气压或水压）下，进行短时间低温加压处理，使微生物细胞膜产生断裂而抑制或杀死微生物。经过处理后，草莓的色泽和风味不变，并保持原有的口感，维生素C含量大大提高，同时也延长了贮藏期。

13. 紫外线杀菌保鲜

使用紫外线照射草莓果实，使果实表面微生物因细胞内的核蛋白分子构造发生变化而死亡，从而达到杀菌保鲜的作用。

第26章　草莓的加工利用

草莓的含水量较高，容易破损，不耐贮存，大量采收后，若鲜果未能及时保鲜和加工处理，品质就会迅速下降，甚至腐烂变质，造成较大的经济损失。因此，将草莓进行适宜的加工处理，如制成速冻草莓、草莓酱、草莓汁等产品或对其功能性成分进行提取加工，均可以提高其附加值。

1. 速冻草莓

以新鲜、无病虫、无损伤、八九成熟的草莓鲜果作原料，用流动的清水冲洗泥土杂物，摘去果蒂、萼片，并按大小规格分级。不加糖的可将整果直接速冻；若加糖，先将草莓按果重量的17%～25%加入白糖充分拌匀，再装入食品袋内密封好，放在冻结装置内快速冻结。冻结后就可装箱外运销售（见彩图26-1）。

2. 草莓汁

选择充分成熟的草莓鲜果，清洗干净，放入榨汁机中分离汁液。将汁液倒入不锈钢锅或铝锅中，加入少量水，升温煮沸后，迅速熄火、降温，用三四层纱布过滤，并用器具将汁挤压尽。再加白糖、柠檬酸，搅拌均匀后，将果汁装入无菌的瓶或铁槽中，加盖密封好。经检验符合饮料食品卫生标准后，即可装箱入库（见彩图26-2）。

3. 草莓酱

将果实清洗干净，再按照草莓10千克、水2.5千克、白糖10千克、柠檬酸30克的配比备好料。将草莓和水放入锅内，加入50%的白糖，升温加热使其充分软化。搅拌一次，再加入剩下的50%的白糖和全部柠檬酸，继续加热至煮沸，不断搅动，待酱色呈紫红或红褐色，且有光泽、颜色均匀一致时出锅冷却，装瓶或装袋（见彩图26-3）。

4. 草莓罐头

选择果实完整、粒大色红、新鲜味正、八成熟的果实作原料。将草莓清洗干净，放入沸水中浸烫至果肉软而不烂，捞起，沥去水分，趁热将草莓装入消过毒的瓶罐内。500克瓶装果300克，加入60℃的填充液（以水75千克、白糖25千克、柠檬酸200克的配比，经煮沸过滤）200克，距瓶口留10毫米空隙。装瓶后趁热放入排气箱内排气，并将瓶盖和密封胶圈煮沸5分钟，封瓶后在沸水中煮10分钟进行杀菌，取出后擦干表面水分，在10℃的库房内贮存7天后即可上市（见彩图26-4）。

5. 草莓脯

把制作果汁后剩下的果肉渣去杂，放入打浆机内碎成细浆液。在浆液中加入适量红薯淀粉和水，迅速搅拌成均匀稀糊状，防止结块沉淀。加入适量白糖、柠檬酸和防腐剂，搅匀后分次放入平底锅中加热浓缩，待呈浓稠状时即可出锅。冷却后放入烘房或烤箱中烘烤，此时要不断用排气扇排湿。烘好的果脯应立即取出，送入包装室，平放在工作台上，趁热与容器分离，用电风扇吹冷（见彩图26-5）。

6. 草莓酒

将充分成熟的草莓鲜果冲洗干净，按1千克果实加150克白糖的比例配料，混匀后置于釉缸中发酵，每隔2小时搅拌1次，直到果实下沉、温度下降为止。一般经4～5天就可压榨取汁，然后酌量勾兑白酒，使酒精度达25～30度时即可装瓶或装坛，置于常温下保存。或将净果按2∶1的比例浸泡于白酒中，15天后滤渣，再浸15天左右装瓶或装坛。装瓶前，可酌情加糖、凉开水和微量柠檬酸，调至酒精度为17～30度、糖度为10度、酸度为0.3度等多种规格的草莓酒（见彩图26-6）。

7. 草莓果冻

草莓果冻是草莓汁用糖、果胶和柠檬酸调配后，经加热熬煮而成的色泽鲜艳、晶莹透明、呈果冻状的制品。草莓果实经清洗、除去果梗和萼片、加0.3%柠檬酸后，于80℃加热，不断搅拌，促进色素溶入汁液中，15～20分钟后倒出榨汁，趁热过滤。取汁液调整至果胶含量为0.7%～1.0%、柠檬酸含量为0.4%～0.6%、pH 3.1～3.3、糖含量为60%～70%。配料后于浓缩锅中熬煮，当温度达到104～105℃或糖含量为65%～68%时，铲取一点熬煮物滴在冷水中。如在冷水中熬煮物结成一块、沉入杯底而不溶散，即可起锅，将它们倒在洁净的搪瓷浅盆中，待冷却后便冻结在盆中；或起锅装瓶，趁热密封，在90℃热水中加热杀菌10分钟，再取出分段降温（80℃—60℃—40℃）冷却，待冷却后便在瓶中呈果冻状（见彩图26-7）。

掌叶覆盆子篇

第27章　掌叶覆盆子概述

掌叶覆盆子（*Rubus chingii* Hu）又称华东覆盆子、覆盆子、牛奶果、牛奶母，属于蔷薇科（Rosaceae）悬钩子属（*Rubus*）。

掌叶覆盆子属于药食同源的植物资源，在其果实未成熟时采摘青果可供药用，干燥后为中药"覆盆子"。《中国药典》（2015年版）规定的药用覆盆子为掌叶覆盆子。现代研究证明，覆盆子主要有抗癌、保肝、降血压、抗氧化、预防骨质疏松、改善学习能力、调节性激素水平、维护雄性器官功能以及延缓衰老等保健功效。掌叶覆盆子含有多糖、糖蛋白、萜类、黄酮、甾醇类、香豆素、生物碱和酚酸等活性化合物。鞣花酸和山柰酚-3-*O*-芸香糖苷是《中国药典》规定检测的药效成分，其中鞣花酸含量应大于0.20%，山柰酚-3-*O*-芸香糖苷含量应大于0.03%。此外，覆盆子中具明确保健功能的成分还有β-谷甾醇、齐墩果酸、覆盆子素、槲皮素等。随着覆盆子功能逐渐明晰，其应用愈加广泛，市场价格也逐年走高，价格从2013年的77元/千克上升到2017年的288元/千克，上涨了2.7倍（见表27-1）。

掌叶覆盆子成熟浆果通常呈鲜红色，柔嫩多汁，风味佳，含糖量高，营养丰富，是兼备鲜美口味与保健功效的第三代新兴水果的代表，具有很高的营养价值和保健功能。掌叶覆盆子鲜果属于树莓范畴，而树莓是西方国家的传统水果。中国是树莓类植物的重要分布中心，拥有201种、98个变种，其中特有种138个，分布遍及

表27-1　掌叶覆盆子干品价格

单位：元/千克

月份＼年份	2013年	2014年	2015年	2016年	2017年
3月	54	96	175	175	280
6月	76	170	150	200	310
9月	77	190	145	240	280
12月	99	185	152	260	280
平均	77	160	156	219	288

全国27个省（自治区、直辖市），以西南地区分布最为集中。引进的树莓品种多适于凉爽的环境，不太适合于我国南方栽种。利用我国树莓种质资源，培育南方专用树莓品种是南方树莓产业发展的新方向。掌叶覆盆子具有广泛的栽培基础。果实营养丰富，其氨基酸种类齐全、比例均衡，总氨基酸含量为64.6毫克/克，可溶性固形物含量为10.0%～14.5%，较引进树莓品种含量高。掌叶覆盆子为大果种质，单果远重于常规树莓品种；果实营养丰富，糖含量高达9.63%，酸度适中；含铜8.87微克/克、锌32.54微克/克、铁94.00微克/克、锰143.22微克/克、钴1.76微克/克，以及维生素C、维生素B_1、维生素B_2、维生素E、维生素A等。

我国覆盆子的药用历史悠久，在《神农本草经》中已有记载。传统药用主要依靠采集野生资源；人工栽培从2000年开始，栽培历史较短。

掌叶覆盆子广泛分布于我国南方的浙江、江苏、安徽、江西、福建、广西、江西等地，生于低海拔至中海拔山坡、路边向阳处、疏林或灌丛中。其在我国大面积引种栽培的历史较短，2013年，我国掌叶覆盆子的栽培面积为133.33万平方米。近年来，其市场需求量大幅度增长，价格每年增加，于是人们开始采挖野生植株栽培或对野生群体进行抚育管理，栽培面积不断扩大。现在我国浙江淳安、磐安、莲都、天台、江山、衢州、临安，江西德兴，安徽宣城、宁国、绩溪等地有较大面积的栽培。

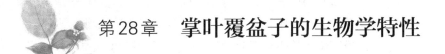

第28章　掌叶覆盆子的生物学特性

28.1　形态特征及物候期

　　掌叶覆盆子为落叶灌木，高2～3米。幼枝绿色，无毛，有白粉，具稀疏皮刺。单叶；叶片近圆形，直径为4～9厘米，掌状5深裂，稀3或7裂，中裂片椭圆形或菱状卵形，基部近心形，边缘具重锯齿或缺刻，两面仅沿叶脉有白色短柔毛或几无毛，基部有5条脉；叶柄长3～5厘米，微具柔毛或无毛，疏生小皮刺；托叶条状披针形。花通常单生于短枝枝顶或叶腋，稀2～3枚花组成总状花序；花梗长2～4厘米，无毛；花直径为2.5～4.5厘米；萼筒毛较稀或近无毛；萼片卵形或卵状长圆形，长达1厘米，顶端具凸尖头，外面密被短柔毛；花瓣白色，椭圆形或卵状长圆形，先端圆钝，长1～2厘米，宽0.7～1.2厘米；雄蕊多数，花丝宽扁；雌蕊多数，具柔毛。聚合核果，熟时鲜红色或橙黄色，近球形，直径为1.5～2.5厘米，密被灰白色柔毛，下垂；种子多数，有皱纹。掌叶覆盆子的形态特征见彩图28-1。花期3—4月，果期5—6月。

28.2　茎、叶生长习性及动态

1. 2年生茎生长习性及其枝叶生长动态

掌叶覆盆子地上部分不超过2年生。2年生茎干上抽发的新梢为结果枝，结果后整个茎干即枯死。在浙江临安地区掌叶覆盆子一般在2月中下旬开始萌动。长短枝芽的形状不一，长枝芽尖而细小，短枝芽肥大而饱满。3月上旬抽发新梢，3月中旬新梢顶端出现花蕾。2年生茎新梢伸长生长呈双"S"字形趋势，有两个生长高峰期（见表28-1）。第1个生长高峰期为4月6—10日，该时期生长最快，4月11—14日为生长缓慢期，4月15—22日出现第2个生长高峰期，然后逐渐变慢，直至5月中旬生长趋于停止，年生长量为20～30厘米。2年生茎新梢增粗生长呈"S"字形趋势，4月2日之前为生长缓慢期，4月2—18日生长迅速，为生长高峰期，4月19日开始生长趋向缓慢，5月上旬生长停止，其年生长量为5～8毫米。

表28-1 掌叶覆盆子2年生茎新梢伸长生长和增粗生长情况

日期	4.2	4.6	4.10	4.14	4.18	4.22	4.26	4.30	5.4	5.8	5.12
长度/厘米	7.80	8.38	11.51	12.06	15.01	17.02	18.03	19.05	19.88	20.02	20.04
粗度/毫米	3.42	3.68	4.44	4.70	4.96	5.01	5.02	5.03	5.04	5.04	5.04

2年生茎干的短枝抽发新梢后，约在3月中旬，短枝第2片叶子完全展开。掌叶覆盆子2年生茎叶面积生长呈"S"字形趋势，整个生长过程有两个高峰期（见表28-2）。从3月20—24日出现第1个高峰，3月25—28日，生长转向缓慢，3月29日—4月2日，出现第2个高峰，随后生长趋于缓慢，直至4月底生长停止。

表28-2 掌叶覆盆子2年生茎叶面积增长情况

日期	3.20	3.24	3.28	4.2	4.6	4.10	4.14	4.18	4.22	4.26
叶面积/厘米^2	3.25	4.38	4.60	5.88	6.63	7.40	7.90	8.35	8.75	8.78

2.1年生茎生长习性及其枝叶生长动态

3月中旬，由根部抽发出新梢，由于萌发部位与营养的关系，基部抽发的1年生茎的生长速度、年生长量、月生长量均明显较2年生茎大。1年生茎伸长生长期为40～50天，5月中旬伸长生长减缓时抽生侧枝，7月底至8月初停止生长，11月中旬至12月上旬落叶。

1年生茎当年不开花,翌年开花结果。1年生茎伸长生长过程中仅有1个生长高峰期,但时间较长,从4月6日至5月20日,在此前后都是生长缓慢期,直至5月24日生长趋于停止(见表28-3)。整个生长期比2年生茎新梢生长约多16日。生长高峰期以前茎红色或绿色。长度年生长量为90~180厘米,均比2年生茎新梢要长。1年生茎的增粗生长4月2—12日迅速,4月13日—5月24日生长缓慢,但持续时间较长,至5月底停止生长。粗度年生长量为7~10毫米。伸长生长与增粗生长相比较,增粗生长的高峰期比伸长生长早,但结束也早,而伸长生长的高峰期比增粗生长要长得多,伸长、增粗生长不呈线性关系。

表28-3　掌叶覆盆子1年生茎新梢伸长生长和增粗生长情况

日期	4.2	4.6	4.10	4.14	4.18	4.22	4.26	4.30
长度/厘米	5.25	5.34	13.02	16.60	23.00	30.96	41.55	50.79
粗度/毫米	4.24	4.81	5.71	5.96	6.00	6.02	6.11	6.34
日期	5.4	5.8	5.12	5.16	5.20	5.24	5.28	
长度/厘米	63.23	68.45	78.40	88.40	93.78	93.86	94.50	
粗度/毫米	6.39	6.59	6.63	7.08	7.19	7.38	7.40	

掌叶覆盆子1年生茎叶面积生长高峰期为4月15日—5月16日,至5月24日停止生长,整体生长比较平稳(见表28-4)。

表28-4　掌叶覆盆子1年生茎叶面积增长情况

日期	4.14	4.18	4.22	4.26	4.30	5.4	5.8	5.12	5.16	5.20	5.24
叶面积/厘米^2	5.15	5.45	5.98	6.70	7.48	8.33	8.93	9.33	9.50	9.68	9.68

28.3　根系生长特性

掌叶覆盆子根系通常呈黄褐色,侧根发达,向四周延伸,直径为0.2~0.8厘米,远端尖削趋势不明显,须根不发达,仅在植株周

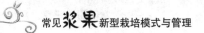

围分布。根上有不定芽，能萌生。根系垂直分布深度一般小于45厘米，在土层深厚处可达60厘米，集中分布深度为10～30厘米。根系伸展最大密度一般在以灌丛基部为中心的50～70厘米半径范围内。

28.4 果实生长特性

1. 果实生长发育曲线

掌叶覆盆子的花为两性花，通常单生于短枝枝顶或叶腋。在浙江临安地区3月中旬出现花蕾，3月底至4月初进入始花期，4月中下旬为盛花期，盛花期较长，通常持续15～20天，花凋谢后出现幼果，此后逐渐膨大，5月上旬，果实颜色由绿色转为黄色，5月中下旬果实成熟，成熟时通常近球形，鲜红色，稀为橙黄色（见彩图28-2）。掌叶覆盆子自花谢到果实成熟约需50天。掌叶覆盆子果实为聚合核果，最大单果重为4.3克，平均单果重为1.9克。聚合果成熟时与花托分离，呈实心状。茎干上部发出的结果枝很短，且开花甚少，可能与茎干木质化程度不充分有关，结果不多。茎干下部的芽，虽能发强枝条，但由于遮阴，果实少但较大。成熟果实通常在茎干上部的枝条上最早出现，中部稍后，下部最迟。离地面0.6～1.8米高处着生果实最多，约占总结果量的67.1%；离地0～0.6米高处着生果实量次之，约占总结果量的28.5%，该处果实纵、横径明显较大；离地1.8米以上高处着生果实很少。

掌叶覆盆子果实发育呈"快—慢—快"的双"S"字形趋势（见表28-5）。纵径生长速度比横径快。纵径在4月18—26日出现第1个生长高峰期，后渐趋缓慢，但生长还较旺盛，4月30日—5月8日出现第2个生长高峰期，5月12日纵径基本停止生长。此时果实进入成熟期，果实在短期内迅速膨大，水分迅速增加，所以出现第2个生长高峰期，但第1个生长高峰期比第2个生长快。

表28-5　掌叶覆盆子果实膨大情况

日期	4.18	4.22	4.26	4.30	5.4	5.8	5.12	5.16	5.20	5.24
纵径/毫米	3.80	6.50	8.40	9.60	12.20	14.20	14.40	14.70	14.80	14.85
横径/毫米	7.50	8.95	10.50	11.50	11.90	12.50	13.20	13.30	14.50	14.75

2. 果实发育解剖结构特征

掌叶覆盆子花受精后，胚不断生长发育，最后发育成为成熟的"U"字形胚，花托同时膨大。掌叶覆盆子成熟果实为聚合核果，小核果由果皮和种子两部分组成，果皮分为外果皮、中果皮和内果皮。果皮发育初期，外果皮为一层排列紧密、整齐的细胞，表面具有角质层、茸毛，中果皮由多层薄壁细胞构成，内果皮由四五层纤维状细胞排列紧密。随着果实的继续生长发育，各层果皮细胞增大显著，细胞间隙逐渐加大，内果皮细胞显著增厚，内果皮内部可见种子。果实成熟时，内果皮内部纤维木质化明显，且出现明显的分层。

第29章　掌叶覆盆子的育苗技术

29.1　播种育苗

目前，掌叶覆盆子种苗市场需求大，并呈逐年上升的趋势，但其种子小，种壳厚且坚硬，休眠期较长，自然发芽率极低。掌叶覆盆子种子扁，卵形。腹侧直，背侧弓形，长1.90～2.50毫米，宽1.02～1.55毫米，厚0.90～0.98毫米。表面浅黄色，两面具网状凸棱，背棱明显。种脐在腹侧中下部。种壳（内果皮）近骨质，厚0.19～0.25毫米，约占种子总厚度的47%。种子千粒重0.992～1.395克，平均1.129克。成熟种子有胚乳，子叶和胚轴已经分化完全，胚根和胚芽小，外层为胚乳，胚不存在形态休眠。

1. 圃地准备

（1）圃地选择

苗圃应设在交通便利、劳力充足、水源便捷、电力设施配套的地方。圃地应选择地势平坦、背风向阳、土层厚60厘米以上、地下水位1.0米以下、土壤疏松透气且pH 5.5～6.5的壤土或沙壤土。

（2）整地和土壤处理

育苗前应细致整地，包括施基肥、翻耕、耙地、平整、土壤处理。在秋末至冬初每亩施腐熟的有机肥1000～2000千克，钙镁磷肥20千克，然后进行深翻，深度达25厘米以上，将肥料均匀翻入土层中。翌年早春浅耕细耙，深20厘米以上，然后用50%辛硫磷按每平方米2克混拌少量细土，撒于土壤表面，或用95%敌克松粉剂350克兑水50千克均匀喷施土壤表面进行土壤杀虫杀菌处理。坡地育苗整地应在主要杂草种子成熟前翻耕；育苗地前茬是农作物的，整地前应浅耕灭茬。

（3）苗床准备

苗床宽100～120厘米，步道宽20～30厘米，长度随地形而定，苗床高出步道15～25厘米，苗床的两侧拍实。

2. 种子采集与处理

5月中下旬采集无病虫害、无破损的完熟期掌叶覆盆子果实（果实全面着色，呈鲜红色，果实变软，种子完全成熟），去除果梗和叶片，捣烂浆果，将种子置于干净的塑料容器内发酵1～2天，用木棒搅拌种液，待种子与果胶分离、种子沉淀后，倒去果肉，捞出种子，立即用清水漂洗，直至果肉、残渣去净为止。然后将干净的种子置于细纱网上晾晒，经常翻动揉搓，以防结块。当种子发白、含水量下降至8%～10%时，装袋密封后置4℃低温保存。

播种前90～120天，将种子从低温保存条件下取出，待其自然升温后用温水浸泡12小时，水温以手伸进去不烫为宜。然后将种子捞出，与湿沙混合均匀。湿沙手捏成团，松开即散，含水量约为20%。一般种子与沙子的混合比例为1∶5～1∶10。关键是混合均匀，沙子太干、太湿、太少，混合不均都会降低沙藏效果。种子和湿沙混合均匀后，放在无纺布袋、木箱等透气容器中，沙藏期间要注意每隔15～20天检查一次，沙子干时及时掺水，并上下翻动，避免干湿不均。

3. 播种

采用春播，待沙藏的种子露白时即可播种，一般在3月上旬或中旬进行。播种前，将苗床浇透水，然后将种子与沙子的混合物均匀铺在已经准备好的苗床上，种子的密度以每平方米200~250粒为宜，并覆盖一层厚0.5~1厘米的细土，盖上塑料小拱棚保温保湿。

4. 播种苗管理

苗期管理是从播种后幼苗出土一直到冬季苗木生长结束为止，对苗木及土壤进行的管理，如遮阴、间苗、灌溉、施肥、中耕、除草等。这些育苗技术措施的好坏，对苗木的质量和产量有着直接的影响，因此必须要根据各时期苗木生长的特点，采用相应的技术措施，以使苗木达到速生、优质的目的。

（1）间苗与移栽补苗

种子出土长出第1片真叶后撤除小拱棚塑料薄膜，及时间苗和移栽补苗。若苗木过密，导致通风、透光不好，苗木细弱，质量下降，易发生病虫害，需及时进行间苗，以每平方米保留种苗100~120株为宜；若苗木过稀，苗圃地利用率低，生产成本上升，需要及时移栽补苗。间苗宜早不宜迟。第一次间苗在苗高3厘米时进行，一般把受病虫危害的、受机械损伤的、生长不正常的、密集在一起影响生长的幼苗去掉一部分，使苗间保持一定距离；第二次间苗与第一次间苗相隔15~20天，第二次间苗即为定苗。间苗的数量应按单位面积产苗量的指标进行留苗，其留苗数可比计划产苗量增加10%~15%，作为损耗系数，以保证产苗计划的完成。移栽补苗是补救缺苗的一种措施。补苗时间越早越好，早补不但成活率高，而且后期生长情况与原来的苗木无显著差别。间苗和移栽补苗同时进行，最好选择在阴天或傍晚进行，以减少日光的照射，防止萎蔫。必要时要进行遮阴，以保证成活。

（2）中耕除草与施肥

中耕除草是在苗木生长期间对土壤进行浅层耕作，并去除杂草。中耕除草可以疏松表土层，减少土壤水分的蒸发，促进土壤空气流通，去除杂草，提高土壤中有效养分的利用率，促进苗木生长。中耕除草宜浅，并要及时进行，灌溉或降雨后，当土壤表土稍干后就可以进行。中耕除草与施肥往往同时进行。苗期施肥应少量多次，每20～30天施肥1次，以高氮复合肥为主，每次每亩施肥3～5千克，有条件的可以在苗木生长高峰期每10～15天喷施叶面肥，干旱季节不施肥，9月中旬以后停止施肥以利于苗木茎干组织充实。

5. 起苗

掌叶覆盆子种苗落叶进入休眠后至萌芽前均可起苗，在起苗前1周灌透水，使种苗充分吸水。起苗时至少保留根系长度25厘米以上，尽量保持根系完整。健壮种苗应充分木质化，无病虫害，无机械损伤，根系发达，顶芽饱满和生长健壮。起苗后，按30～50株1捆打包，挂上标签，注明品种、等级、数量、起苗日期，捆好后用蛇皮袋或塑料薄膜包扎根部，不宜过紧，袋内根部放少量湿稻草。运输途中应用篷布覆盖，防止风吹。

29.2 根插育苗

扦插繁殖是果树、药材和花卉生产上常用的快速繁殖手段之一。由于枝条材料多，取材方便，对母体正常生长影响小，所以大多数植物采用枝插的方式。掌叶覆盆子具有萌发根蘖的特性，生产上枝插成活困难，常用根插繁殖。掌叶覆盆子主、侧根区别不明显，均以水平生长为主，并极易发生不定芽，且冬末春初是不定芽发生的高峰期。

1. 圃地准备

圃地准备同"播种育苗"一节中介绍的方法。根插对圃地要求高，一般在连栋大棚或简易钢架大棚内进行，有利于保温保湿；基

质选用通透性好、保水又不积水的混合基质。

2. 插条采集与处理

在2月上中旬掌叶覆盆子萌芽前，选择生长健壮、处于结果盛期的母本，在植株树冠外围挖取直径为0.8～1.2厘米的根，用剪刀剪成长10～15厘米的插穗，要求上切口剪平，下切口剪成斜切片，以利于区分形态学的上、下端，扩大插穗与生根剂、土壤的接触面积，以50根或100根插条为1捆备用。

3. 扦插

采用吲哚丁酸（IBA）、萘乙酸（NAA）等生根剂进行处理。处理方法通常有浸泡法和泥浆速蘸法。浸泡法即将插穗形态学下端5～8厘米浸没在生根剂中，生根剂浓度为100～200毫克/升，浸泡时间为1～2小时；泥浆速蘸法为先将生根剂配成800～1000毫克/升，然后用适量黄泥和成浆糊状，将插穗形态学下端迅速蘸一下泥浆，使下端能沾上一层比较均匀的生根剂，再扦插在事先准备好的苗床中。扦插时将插穗斜向下成30度角插入基质，仅保留1～2厘米露出基质，扦插后立即浇透水，盖好薄膜保湿。

4. 扦插苗管理

扦插后要保持苗床不积水，温度控制在15℃以上，空气湿度在85%左右。扦插后每隔20天喷施800倍甲基托布津防治病害，并注意通风和除草，除草时要避免松动插穗。根插后15～20天开始发出新芽（见彩图29-1），30天后萌芽进入高峰期，要及时选留主干。萌芽条长至20厘米时开始施肥，采用叶片施肥的方法，用0.1%的尿素+0.1%磷酸二氢钾喷施，少量多次。根插成活率可达到90%以上。

29.3　组培繁育

掌叶覆盆子人工繁殖一般采用播种、根插、分株和根蘖等繁殖方法，繁殖系数低，种苗的来源受到较大的限制，并且长期的无性繁殖使病毒积累，危害加重，导致产量下降，品质变劣。通过掌叶覆盆子组织培养，可以对植株进行脱毒复壮，保持植株的优良特性，防止品种过快退化，同时具有繁殖周期短、繁殖快、繁殖系数高、节省空间等优点。掌叶覆盆子通过组织培养，能够在短期内提供大量优质种苗，对其规模化、规范化种植开发具有重要意义。

1. 不定芽诱导和增殖

以掌叶覆盆子茎段为材料，剪去叶片，经流水冲洗后，用75%酒精浸泡30秒，0.1%升汞（加吐温2～3滴）消毒8～12分钟，无菌水漂洗5遍，用无菌滤纸吸干表面水分。将茎段切成1～2厘米长的带芽茎段，接种到诱导培养基［MS培养基 + 6-BA（6-苄氨基腺嘌呤）1.0～1.5毫克/升 + NAA 0.1～0.2毫克/升］上，添加0.8%琼脂和3%蔗糖，pH 5.8，121℃灭菌20分钟。培养温度为（25±1）℃，光照强度为30～40微摩尔/（米²·秒），光照时间为10～12小时/天。接种的新生带芽茎段在诱导培养基中培养1周后，开始萌发腋芽，萌发率达90%以上，20天左右萌芽长成1.5～2.0厘米的芽。

待掌叶覆盆子不定芽长至1.5～2.0厘米时，将其切下，转入增殖培养基（MS培养基 + 6-BA 0.5～1.0毫克/升 + NAA 0.2～0.5毫克/升）培养，芽生长健壮，增殖达到10倍以上。增加6-BA浓度（2.0毫克/升），可诱导茎段基部形成大量的愈伤组织而抑制出芽速度，经由愈伤组织再分化的芽矮小簇生，并延长生产周期。降低6-BA浓度（0.5～1.0毫克/升），并与NAA组合能诱导掌叶覆盆子茎段较快增殖。4周左右增殖苗叶片浓绿，宜继代转至新鲜培养基或转入生根培养。若继代周期延长，既不利于缩短繁殖周期，

又会导致叶片生长疏松或玻璃化。

2. 不定根诱导

切取长2～3厘米、生长良好的不定芽，将其接种到生根培养基［MS培养基＋NAA 0.1～0.2毫克/升＋IBA 0.1～0.2毫克/升＋AC（活性炭）0.5～1.0克/升］上。掌叶覆盆子生根率达到95%以上，生根质量较好，平均每株生根5～6条。

3. 炼苗和移栽

待组培苗植株长到4～5厘米高且根势健壮时，打开瓶盖，通风炼苗2天后，再取出掌叶覆盆子植株，洗去根部培养基，栽于泥炭、河沙、珍珠岩（体积比1∶1∶1）的混合基质中，用塑料薄膜覆盖保湿，移栽后每2天喷1次水，保持空气湿度85%以上，1周后移栽成活率在90%以上。

第30章　掌叶覆盆子的建园

　　掌叶覆盆子为多年生落叶灌木，喜冷凉，不耐炎热，喜阳光但怕暴晒，耐寒，耐旱，忌积水，积水易造成根部腐烂。其自然分布多在林缘、林下、路边、山坡及灌丛中土壤较湿润的地方，对土壤要求不严，但以富含腐殖质的酸性土壤为好。掌叶覆盆子根系主要分布在距地面0～20厘米的土层中，地上部分由1年生枝和2年生枝组成。每年春天去年生茎干侧枝上的混合芽萌发后立即出现花蕾，同时茎基部芽萌发长成1年生枝。聚合核果成熟后1～2个月，整个2年生茎干枯死。植株定植后的第二年即可开花结果，进入盛果期，经济寿命为8～10年。

30.1　园地选择

　　掌叶覆盆子正常生长发育需要特定的环境条件，北纬25°～38°是掌叶覆盆子适生的栽培区域，小气候条件包括年平均气温15℃以上，1月份平均气温2.5℃以上，年降雨量1200～1600毫米。掌叶覆盆子通常分布在海拔30～800米的中低山，以50～600米为好。海拔过低，受高温、干旱影响较大；海拔过高，温度低，生长季短，花期易遭受冻害。掌叶覆盆子喜光，成年植株要求光照充足，因此，建园时宜选阳坡或半阳坡。一般山脊、山冈不宜建园。宜选坡度小于20°的山坡，坡度过大，人为经营会导致水土流失严重，同时施肥、采收等管理困难。土壤以土层肥沃、厚60厘米以上、pH 5.5～6.5的壤土或沙壤土为宜，忌黏性红壤土。

30.2　建园

1. 苗木选择和运输

造林苗种类有播种苗和根插苗。以1年生生长健壮、无病虫害、根系发达的苗木造林成活率高，缓苗期短，苗木生长快。立地条件好、生产管理水平高的优先选用品种纯正的扦插苗造林，以保证品种的一致性；立地条件差、生产管理水平低的可选用播种苗造林；困难立地的可选用容器苗造林。

做好根系保湿工作，选择阴天起苗，喷施800倍多菌灵后用钙镁磷肥泥浆蘸根，用湿稻草包裹，运输时盖帆布，防止苗木失水萎蔫。及时定植，剪除伤枝和过多枝条，提高成活率。

2. 建园

（1）整地

由于水土流失可造成山区生态环境恶化，林地涵水能力下降，不利于林地的可持续经营，因此，掌叶覆盆子造林地整地时应尽量减少水土流失。掌叶覆盆子整地要遵循"山顶戴帽子，山腰扎带子，山脚穿鞋子"，即山顶原始植被保持不开垦，山腰保留生土杂木灌丛带，山脚植被也保护好的原则。掌叶覆盆子整地方式主要有以下几种。

全面整地：即将造林地植被全部去除，全面开垦。全面整地适合立地条件好、坡度在10°以下、土壤深厚肥沃的立地。全面整地后，栽培管理方便，可套种农作物，以耕代抚，但容易造成水土流失。

梯土整地：即采用半挖半填的方法，在山坡上按等高线修成水平梯带，梯壁一般可用石块和草皮混合堆砌而成。种植掌叶覆盆子的梯带间距不小于3米，梯带面宽不小于2米，梯带面应向内倾斜，在梯带面的内侧开竹节沟。坡度20°以下的造林地适合采用此法。

带状整地：由于梯土整地费工费时，在坡度大于20°的山坡很难修建，因此，宜采用带状整地的方式。带状整地是沿山坡等高线按一定宽度开水平带，水平带之间不开垦，留生草带，在水平带上植树，带间可保持低矮植被，起到保持水土的作用。

块状整地：对于一些坡度较大的石质山地，很难采用其他整地方式，可采用块状整地的方式。块状整地就是根据造林地地形地势以及种植间距确定定植点，在定植点周围1米×1米的范围内进行垦复、挖穴，其他地方保留原始植被。以后逐年挖大穴，以扩展掌叶覆盆子根系，同时做鱼鳞坑保持水土。待掌叶覆盆子进入结果期后逐渐砍除周围杂灌木，仅保留少量较高大的树木。

掌叶覆盆子根肉质，需要良好的排灌条件，排水系统根据园地具体立地条件确定，要能达到雨季排水畅通，旱季蓄水自如，需水时能就近取水。平地栽培应有支渠和排水沟。3～5亩设1支渠，支渠宽0.5～0.8米，深0.3～0.5米，与排水沟相通；一般30～50亩建一蓄水池，以利灌溉和喷药。山地栽培一般只设排水沟即可。有条件可安装喷（滴）灌设备，要预先规划，设计好喷（滴）灌管道的走向、布局，并进行先期施工安装。

掌叶覆盆子生产中常在现有稀疏的落叶经济林（如山核桃、柿子、板栗等）中进行林下套种，但经济林郁闭度要求在0.4以下。

（2）定植

定植时间：掌叶覆盆子定植一般选择冬春季节，时间在落叶后到翌年2月中下旬。冬季造林有利于提早发根和成活，但在气温低的山区，宜选择早春造林。

定植密度：合理的种植密度有利于培养合理的树体结构，扩大

结实面积，实现树形矮化和高产稳产。掌叶覆盆子种植株行距为1.0米 ×（1.0～1.5）米，每亩栽310～460株。

定植方法：挖穴50厘米 × 50厘米 × 50厘米，每穴施腐熟栏肥3～5千克、缓释复合肥30～50克、磷肥20克，加表土拌匀后回填表土10厘米。苗木扶正，回填表土至根茎处，将苗向上提5厘米，踏实泥土，再覆土至高出地面10厘米，呈馒头状。

第31章　掌叶覆盆子的抚育管理

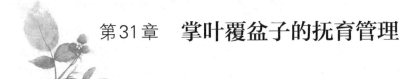

掌叶覆盆子生长快，抗性强，喜光耐旱。建园当年重点做好保苗、中耕除草和选留翌年结果主干的工作。雨季后及时除草松土，将根际杂草割后覆盖于基部，以减少高温季节土壤水分蒸发。掌叶覆盆子根系分布较浅，块状整地的果园每年要向外扩穴以增加掌叶覆盆子根系生长范围，生长季节中耕除草，深度一般不超过10厘米，根际周围宜浅，远处可稍深，切勿伤根。中耕除草使土壤疏松，增加土壤通透性，利于植株生长。夏末秋初时停止耕作，促进结果母枝生长充实，利于翌年花芽分化。深挖在冬季进行，一般每年1次，深约30厘米。掌叶覆盆子根蘖抽生能力强，当年即可抽发大量萌蘖枝（见彩图31-1），需及时选留主干，一般每株选留2~4个健壮萌蘖枝，并做好摘心促萌的工作（见彩图31-1）；在萌蘖生长高峰期，每亩施复合肥20~30千克，以促进新梢快速生长。

建园第2年即可进入结果期，重点做好中耕除草、施肥、选留翌年结果主干、修剪和采收等工作。应适当增施氮磷钾肥，氮、磷、钾的比例以5∶2∶3为宜，每亩施无机复合肥30~50千克、腐熟的有机肥1000~1500千克。4月上中旬是果实快速膨大期和翌年结果枝快速生长期，9月是结果母枝充实期，掌叶覆盆子应在9月上旬施基肥，翌年3月底至4月初施追肥，基肥和追肥的比例为3∶2或1∶1。肥料施在离开干基50~60厘米处，采用环状施肥的方式，施肥时在沟底先施有机肥，然后撒复合肥，以提高肥效。掌叶覆盆

子需水量不大，但在干旱季节，最好能进行灌溉，可采用沟灌、喷灌、穴灌等方式，有利于掌叶覆盆子的正常生长。掌叶覆盆子忌积水，在雨水季节，应注意加强清沟排水。

掌叶覆盆子的整形修剪一年进行三次，可分为春剪、夏剪和冬剪。春剪剪去2年生茎细弱枝、枯枝、断枝、过密枝及病虫害枝。夏剪当在植株茎基部萌发的萌蘖苗长到1.5～2.0米时对主茎进行摘心，以促进分枝，同时剪去近地面其他萌蘖，每丛保留2～4个分布均匀的健壮萌蘖。冬剪在落叶后进行，剪除2年生枝、结果枝和细弱枝，增加通风透光条件。掌叶覆盆子丰产树形见彩图31-2。

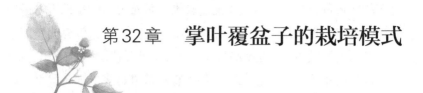

第32章　掌叶覆盆子的栽培模式

　　掌叶覆盆子现有栽培模式主要有野生掌叶覆盆子抚育栽培、掌叶覆盆子林下栽培和掌叶覆盆子设施栽培。现将3种栽培模式的适用条件、主要优缺点和抚育管理技术要点介绍如下。

32.1　野生掌叶覆盆子抚育栽培

　　野生掌叶覆盆子抚育栽培是现有掌叶覆盆子家化栽培的主要模式，适用于野生覆盆子分布和生长较多的山地，经过人工砍伐抚育、移栽补苗等逐渐形成掌叶覆盆子果园。天然林抚育充分利用已有野生掌叶覆盆子资源，具有建园快、成本低等优点。但天然林立地条件不一，掌叶覆盆子往往分布不均，有的区域分布过密，有的区域则没有分布；道路、灌溉等基础设施条件差，受春季倒春寒低温冻害的影响较大，在严重的年份产量极低；个体间差异大，果实成熟期一致性差，果实质量参差不齐。

　　野生掌叶覆盆子抚育栽培技术要点包括：

　　①加强砍伐抚育更新。由于掌叶覆盆子喜光性强，而所在山地内乔木和灌木枝条过密，影响了掌叶覆盆子的生长，所以应适当进行挖（伐）除或修枝。挖（伐）除影响掌叶覆盆子生长的枯立木、被压木、濒死木、病腐木和生长过密的灌木，同时注意水土保持带的建设，避免水土流失。

②适时移栽和补栽。移除天然林中分布过密的植株，在没有分布的区块进行补栽；若缺少的量较大，可对大丛的植株进行适当分株，或在附近山地挖取补栽。移栽要在花芽、叶芽没有萌发前进行。补栽当年成活率可达90%以上，第2年可开花结果。

③适时中耕除草、施肥。每年生长季节进行多次人工除草，严禁使用化学除草剂。有条件的可开展测土配方施肥。

④及时选留结果主干，修剪和伐除老干。5月及时选留新稍作为翌年结果主干，在新稍长至1.5米时进行摘心，促萌，同时起到防止倒伏的作用。剪除过密新梢、老枝、过密枝、细弱枝、病虫枝。掌叶覆盆子树高控制在2米以内。果实采收后，及时伐除老干，以利于通风透光和翌年结果枝的发育和花芽分化。

⑤追肥。对土壤贫瘠的地块，秋季结合土壤深翻追施腐熟的有机肥，每年施1次，每株施2～3千克，穴施或沟施，施肥深度在20厘米以上。

⑥放蜂。在掌叶覆盆子盛花期，请养蜂户或自行放养蜜蜂，提高授粉率和座果率。

⑦灌溉。掌叶覆盆子是浅根树种，喜湿润，在天然分布区，正常年份自然降雨基本能满足其生长的需要。为了避免干旱的影响，有条件的地方可进行自流灌溉。对影响植株生长的洼地或谷地，应挖沟排水和筑高畦。

⑧防晚霜。掌叶覆盆子早春开花较早，个别年份发生晚霜危害，发生前可使用人工烟雾驱霜，以降低损失。

 32.2　掌叶覆盆子林下栽培

林下栽培是掌叶覆盆子家化栽培的常见模式，适用于林地郁闭度0.4以下的山核桃、山茱萸、板栗等落叶经济林林下，在林下按照一定的株行距定植形成掌叶覆盆子果园。林下栽培以现有的林下土

地资源和林荫优势为基础，在不影响林木正常生长的前提下，借助林地特有的生态环境，在林冠下进行种植，充分利用林下空间资源，能在一定程度上缓解当前土地资源紧缺的问题。但林下栽培中，树木与掌叶覆盆子间存在光、肥、水的竞争，栽培管理上必须处理好二者的关系。特别是由于掌叶覆盆子是强喜阳树种，想要获得较好的效益，必须控制林地郁闭度，同时加强林上部分的树冠管理。

掌叶覆盆子林下栽培技术要点包括：

①选地。根据掌叶覆盆子的生态习性以及生长特点，应该选择光照充足、排水良好及保水性能好的土壤，土壤中所含营养物质丰富；种植地应选择在通风透气、坡度为10°～15°或平缓地带，且应远离重工业污染，选择未使用化学除草剂的山核桃、山茱萸、板栗等落叶经济林。

②林地处理。及时疏伐和修剪林上树冠。对于一般林木，伐除林内枯立木、被压木、濒死木等生长不良的树木和灌木，使得郁闭度控制在0.4以内；对于经济林，伐除产量低、品质差、过密的植株，对于保留的经济林木，剪去其上方2～3米的中心主干，进行落头，同时剪去过密枝、细弱枝、徒长枝，提高林下通风透光条件。

③整地、定植。进行带状整地。落叶后到翌年2月中下旬进行定植，选择生长健壮、品质好的种源或品系进行定植，具体方法如前所述。

④适时中耕除草、施肥，及时选留结果主干，修剪和伐除老干，追肥，放蜂，灌溉，防晚霜等同"野生掌叶覆盆子抚育栽培"一节中介绍的方法。

32.3 掌叶覆盆子设施栽培

果树设施栽培具有上市早、产量稳定、效益高等优点。近年来，蓝莓、葡萄、樱桃、杨梅、柑橘设施栽培面积不断扩大，设施栽培已经成为果树栽培的发展趋势。掌叶覆盆子由于家化栽培时间短，尚未见设施栽培。掌叶覆盆子设施栽培能解决花期低温冻害问题，具有产量稳定、品质好、成熟期早、栽培效益较高等优点，适用于果用掌叶覆盆子，特别是掌叶覆盆子观光采摘园。

掌叶覆盆子设施栽培技术要点包括：

①园地选择。选择在背风向阳、地下水位低、不易积涝、土层深厚、透气性好、保水力较强、pH值为5.5～6.5的沙壤土或砾质壤土上建园。肥力中等的园地建园时要充分考虑水源和灌溉条件。掌叶覆盆子是喜光果树，设施栽培果实成熟期集中，耐贮性较差，因此，园地宜在离销售地近、交通运输方便的地方。选择自然环境条件优越、无污染的地区建园，为进行无公害设施掌叶覆盆子的生产，进一步提高果品质量、增加经济效益打下基础。

②品种选择与栽植密度。选择果大、颜色鲜艳、果实风味好的掌叶覆盆子优良乡土种源。合理密植，株行距为0.8米×（1.0～1.5）米，每亩栽植380～580株。掌叶覆盆子栽植一般分为冬栽和春栽两个时期。在冬季多风、干旱的地方，冬栽苗木易失水抽干，成活率低，因此可春季栽植。春栽宜在土壤化冻后至苗木发芽前进行，一般以3月上中旬最为适宜。栽植穴的大小以长、宽50厘米，深50～60厘米为宜，每穴施腐熟有机肥3～4千克，与表土混匀后填入穴内。种苗栽植的深度要与苗圃中的原深度相同。栽植后，在栽植穴周围筑起土埂，随即充分灌水，水渗下后，用土封穴，并在苗干周围培起土堆，以利保持土壤水分，避免苗木歪斜。发芽后天气干旱时，要及时灌水，以利成活。

③扣棚。设施栽培投入大，成本高，所以掌叶覆盆子的设施栽培最好在定植后第2天进行扣棚，令产量稳定，效益高。掌叶覆盆子的冷温需要量一般为10℃以下30～50天。一般休眠早的地方扣棚早、采收早，有利于经营销售。以早销售为主要目的时，可在12月开始扣棚。

④大棚内管理。大棚内管理包括人工调节温度、湿度，整形修剪，肥水管理，花果管理和适时采收。人工调节温度主要包括大棚增温、降温、防冻等。大棚增温主要是利用酿热物和大棚隔离的方式提高大棚内地温和气温。大棚降温是因为在天气晴朗、光照充足的中午，大棚内的温度高于掌叶覆盆子生长的最适温度，必须通风降温，主要采取自然通风和人工通风两种方法。大棚防冻可采取棚外盖草帘、寒流、霜冻前棚内熏烟等方法。人工调节湿度主要包括调节空气湿度和土壤湿度。土壤湿度多通过换气和控制灌水进行调节。设施内相对湿度太大时，可采取通风的方法降低空气湿度。应注意的是，通风换气降湿应以不影响棚内温度为准。大棚内灌溉宜采取滴灌的方法，以免因灌溉引起棚内空气湿度增加过大，或因灌溉令地温大幅度降低。整形修剪、肥水管理同"野生掌叶覆盆子抚育栽培"一节中介绍的方法。花果管理是掌叶覆盆子设施栽培中提高产量、增进品质的重要技术，主要包括放蜂授粉、喷施赤霉素、疏果、促进果实着色等内容。在盛花期放蜂，每亩放置1个蜂箱，促进授粉、受精。在盛花期和幼果期，分别喷施1次$10 \times 10^{-6} \sim 20 \times 10^{-6}$毫克/升赤霉素溶液，同时加入少量0.01%吐温80，有利于赤霉素的附着。喷施赤霉素可显著提高座果率，促进果实膨大。疏果一般在生理落果后进行，要把小果、畸形果和发育不良的果疏除。在合理整形修剪、改善冠内通风透光条件的基础上，在果实着色期将遮挡果实的叶片摘除。果枝上的叶片对营养积累有重要作用，切忌摘叶过重。在果实采收前10～15天，在树冠下铺设反光膜，增强光照，促进果实着色。适时采收亦是掌叶覆盆子设施栽培中优质丰产、增加效益的有效措施。当地销售的果实，一般是在果实完全成熟、充分表现出该品种的果实性状时采收；外地销售的，一般是在果实成熟度达九成时采收。采收时要轻采轻放，避免损伤果面，使果实等级降低；避免损伤1年生新梢，以免降低翌年产量。采收后的掌叶覆盆子果实，要先在园内集中初选，挑除小

果、虫蛀果、霉烂果等，然后进行分选包装。

⑤撤膜后的管理。果实采收后，撤除棚膜。及时除草，追施复合肥，并及时浇水。降雨量较大时，注意园内排水，防止涝灾。要做好采果后的夏季管理，疏除结果枝，选留1年生枝，通过采取摘心的方法来控制好1年生枝梢的生长势，使树体保持中庸。同时做好病虫害的防治和秋季施肥，以提高树体的贮藏营养水平。在9—10月，结合扩穴，秋施基肥，以有机肥为主（2～3千克/株），可掺入适量的复合肥或微量元素。秋施基肥后应及时浇水、覆草。要注意防治早期落叶病，适时适量浇水，防止干旱。注意天气的变化，掌握好落叶期，在落叶的前1周可喷5%尿素溶液，以增加树体营养积累。

第33章　掌叶覆盆子的病虫害及其防治

掌叶覆盆子的病虫害发生较少，发生季节通常为3—6月。在防治时，尽量采用农业综合防治或生物防治，若非用农药不可，则尽量使用高效、低毒、低残留农药，多选用植物性农药。

33.1　病害

1. 叶斑病

叶斑病主要由尾孢菌属病原菌侵染引起，表现为叶片上产生黑褐色小圆斑，后扩大，连成不规则大斑块，边缘略隆起。防治方法为：及时清沟排水，降低田间湿度，保持通风透光，增强植株抗病力；发病前期喷1：100波尔多液或60%代森锰锌500倍液，每7天喷1次，连续喷三四次。

2. 根腐病

根腐病主要由镰刀菌、假单孢杆菌属、球壳孢属等病原菌侵染引起。根腐病容易传染，发病率高，防治困难，一旦患病，产量和质量均会受到极大的影响。根腐病主要危害根及根茎，使根及根茎腐烂、散发臭气，还会使地上部分叶片变黄，植株萎蔫、最终枯死。一般根腐病发病率为10%～30%，严重时可达70%～80%，有时甚至为100%，导致绝产绝收。防治方法为：合理耕作，降低果园土

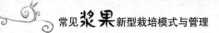

壤湿度，选择健康无病的种苗，科学施肥与密植，田间精细化管理等；根腐病发生后，及时拔除病株，在病穴内撒石灰消毒，用50%多菌灵与70%代森锰锌800～1000倍液浇灌病株周边植株，同时果园增施磷钾肥，增强植株抗病力。

33.2　虫害

掌叶覆盆子主要虫害是由叶甲、蚜虫等食叶害虫，茎蜂等蛀干害虫引起的。叶甲主要啃咬叶片，造成缺刻或孔洞。蚜虫吸取植物汁液，使叶片上有许多斑点，严重时导致叶片枯黄、脱落。茎蜂蛀食植株的茎干，造成植株萎蔫，直至整株死亡。防治方法为：加强田间管理，及时剪除被危害的枝叶；发现虫害时，及时交替喷施高效氯氰菊酯2500倍液或25%噻虫嗪8000倍液，每7～10天1次，连续喷两三次。

第34章　掌叶覆盆子的采收、贮藏及加工利用

 ## 34.1　采收及贮藏

　　药用掌叶覆盆子在5月上旬果实颜色由绿色转为黄色时采收，采收后除去果梗、叶片等杂物，置沸水中略烫或略蒸1~2分钟，取出后置于日下晒干，筛去灰屑，拣净杂物，置于塑料袋中密封保存，有条件的可低温冷藏。若遇阴雨天，则应及时置通风处摊开晾干或用炭火烘干，有条件的可用电烘箱烘干，切勿堆压，以防霉心变质。

　　果用掌叶覆盆子在5月中下旬果实全面着色而呈鲜红色、果实开始变软前采收，采收时连果梗一起采收，采收后分拣除杂，选取大小、色泽均匀的果实置鲜果包装盒内，每盒100~150克，再在塑料筐内整齐堆码后连塑料筐一起低温冷藏。掌叶覆盆子鲜果贮存时间短，长途运输需要冷藏处理。研究发现，树莓鲜果经过冷藏后，酚类物质均会降解，冷藏后的损耗率达25%~48%。因此，果用掌叶覆盆子选育时应考虑其冷藏耐受特性。由于果用掌叶覆盆子采摘保存不便，建议发展生态观光采摘园、生态采摘农场等模式。

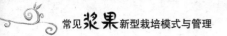
34.2 加工利用

药用掌叶覆盆子被广泛应用于制药行业，是中药制剂五子衍宗丸、全鹿丸、男康片、龟鹿补肾丸、坤宝丸、肾宝合剂、肾宝糖浆、益肾灵颗粒、调经促孕丸和强阳保肾丸等方剂的主要原材。此外，也可开发成功能性饮料、药酒、功能性食品添加剂等。

果用掌叶覆盆子可以制作成各种食品和饮品，如果汁、果酱、果冻、果酒、果干，以及添加了掌叶覆盆子的糕点和乳酪等。

彩图2-1　蓝莓叶片形态

彩图2-2　蓝莓果实形态

彩图2-3　2年生蓝莓植株

彩图2-4　蓝莓花芽生长

彩图2-5　蓝莓花形态

彩图2-6　蓝莓果实发育过程

彩图3-1　4年生夏普蓝植株

彩图4-1　蓝莓扦插育苗实例

彩图 4-2　蓝莓扦插苗的生根过程

彩图 4-3　蓝莓扦插苗的生长和越冬情况

彩图 4-4　蓝莓苗在培育基地的生长情况

彩图 5-1　蓝莓外植体接种实例

彩图5-2　蓝莓外植体培养实例

彩图5-3　蓝莓增殖培养苗生长情况

彩图5-4　蓝莓组培苗生长情况　　　彩图6-1　蓝莓的栽植密度实例

彩图6-2　蓝莓地膜覆盖栽培技术实例

彩图6-3　蓝莓苗栽培实例

彩图7-1　蓝莓遮盖防鸟网　　　彩图7-2　南高丛蓝莓在江浙地区越冬

彩图9-1　蓝莓成熟果实的基本形态

彩图9-2 蓝莓采收后

彩图9-3 蓝莓采收后分级处理

彩图9-4 蓝莓包装

彩图10-1 蓝莓鲜果

彩图10-2 蓝莓果酱

彩图10-3　蓝莓果酒

彩图10-4　蓝莓果醋

彩图10-5　蓝莓果汁

彩图10-6　蓝莓含乳饮料

彩图12-1　葡萄主芽和副芽
（保留主芽，抹除副芽）

彩图12-2　葡萄隐芽

彩图13-1 葡萄品种介绍

A.夏黑；B.夏至红；C.京香玉；D.早黑宝；E.维多利亚；F.绯红；G.巨峰；H.巨玫瑰；I.沪培1号；J.藤稔；K.美人指；L.红地球；M.赤霞珠；N.雷司令；O.贵人香

彩图15-1　葡萄促早栽培

彩图15-2　葡萄避雨栽培

彩图20-1　草莓植株形态

彩图20-2　草莓根系

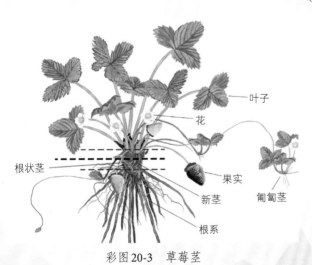

叶子

花

根状茎

果实

新茎

匍匐茎

根系

彩图20-3　草莓茎

亲本植株

匍匐茎

新植株

彩图 20-4　草莓匍匐茎

彩图 20-5　草莓叶

彩图 20-6　草莓花

彩图 20-7　草莓果实

彩图 20-8　萌芽期的草莓植株

彩图 20-9　现蕾期和开花结果期的草莓植株

彩图21-1　我国草莓属植物种类

A. 黄毛草莓；B. 五叶草莓；C. 纤细草莓；D. 森林草莓；E. 绿色草莓；F. 裂萼草莓；G. 西藏草莓；H. 西南草莓；I. 东方草莓；J. 伞房草莓

彩图21-2 草莓品种介绍（1）

A.大头红颜；B.宁玉；C.红颜；D.章姬；E.甜查理；F.艳丽；G.幸香；H.枥乙女

彩图21-3 草莓品种介绍（2）

A.大头知己（硕丽、长叶知己）；B.红馨；C.贵妃；D.圣诞红；E.甜皇；F.白草莓；G.香蕉；H.桃熏；I.法兰地；J.丰香；K.京藏香；L.甘露；M.公主莓

彩图21-4　草莓品种介绍（3）

A. 哈尼；B. 卡尔特1号；C. 美香莎；D. 星都1号；E. 天香；F. 红袖添香；G. 红玉；H. 越丽；I. 越心；J. 白雪公主；K. 太空2008；L. 妙香；M. 白色恋人

彩图 22-1　草莓母株选择

彩图 22-2　草莓整地

彩图 22-3　草莓母株定植

彩图 22-4　草莓母株定植规格

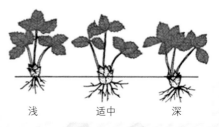

浅　　　　适中　　　　深

彩图 22-5　草莓栽植方法

彩图22-6　草莓定植苗期管理

彩图23-1　露地栽培草莓　　　　　彩图23-2　露地栽培草莓幼苗

彩图23-3　草莓露地栽培中的滴灌设施　彩图23-4　土壤改良后露地栽培草莓的
　　　　　　　　　　　　　　　　　　　　　　　　　　生长情况

彩图23-5 草莓露地栽培平地整畦

彩图23-6 草莓塑料大棚栽培

彩图23-7 草莓日光温室栽培

彩图23-8 草莓立体栽培

感病叶片　　　　　　感病幼莓　　　　　长有灰霉菌的病果

彩图24-1 草莓灰霉病

彩图24-2 草莓白粉病

彩图24-3 草莓褐斑病

彩图 24-4　草莓红中柱病

彩图 24-5　草莓叶斑病

彩图 24-6　草莓病毒病

彩图 24-7　草莓根腐病

彩图 24-8　草莓青枯病

彩图 24-9　草莓黄萎病

彩图 24-10　草莓炭疽病

彩图 24-11　草莓的主要虫害

A. 蚜虫；B. 红蜘蛛；C. 芽线虫；D. 盲椿象；E. 斜纹夜蛾；F. 地老虎；G. 蝼蛄；
H. 蛴螬

彩图24-12　草莓生理性白果

彩图24-13　草莓生理性烧叶

彩图24-14　草莓冻害

彩图24-15　草莓畸形果

彩图24-16　草莓嫩叶日灼病

彩图25-1　草莓的采收

彩图25-2　草莓的沥干

彩图25-3　草莓的预冷保鲜

彩图26-1　速冻草莓

彩图26-2　草莓汁

彩图26-3　草莓酱

彩图26-4　草莓罐头

彩图 26-5　草莓脯

彩图 26-6　草莓酒

彩图 26-7　草莓果冻

常见浆果新型栽培模式与管理

彩图28-1　掌叶覆盆子的形态特征

彩图28-2　掌叶覆盆子果实生长发育过程

彩图29-1　掌叶覆盆子根插后不定芽萌发前后的状态

彩图31-1　掌叶覆盆子萌蘖枝及摘心促萌

彩图31-2　掌叶覆盆子丰产树形